21世纪高等学校计算机类专业
核心课程系列教材

计算机导论实验教程

Windows 10+Office 2019+网络接入与应用

◎ 袁方 孙洪溥 张国春 安海宁 编著

U0291141

清华大学出版社

北京

内 容 简 介

本书是袁方等编著的《计算机导论（第4版）（微课版）》的配套实验教材，主要介绍了计算机的基本组成、Windows 10操作系统的使用、Word 2019文字处理软件的使用、Excel 2019电子表格处理软件的使用、PowerPoint 2019演示文稿制作软件的使用、计算机网络应用等内容，并精心设计了相关实验题目。

本书既可以作为高等学校计算机及相关专业"计算机导论"课程的实验教材，也可以作为相关人员学习使用常用办公软件的参考书。

图书在版编目（CIP）数据

计算机导论实验教程：Windows 10+Office 2019+网络接入与应用/袁方等编著. —北京：清华大学出版社，2021.9（2024.9重印）
21世纪高等学校计算机类专业核心课程系列教材
ISBN 978-7-302-58763-7

Ⅰ. ①计… Ⅱ. ①袁… Ⅲ. ①Windows 操作系统－高等学校－教材 ②办公自动化－应用软件－高等学校－教材 ③无线接入技术－高等学校－教材 Ⅳ. ①TP316.7 ②TP317.1 ③TN926

中国版本图书馆CIP数据核字（2021）第144041号

责任编辑：闫红梅
封面设计：刘　键
责任校对：李建庄
责任印制：刘　菲

出版发行：清华大学出版社
　　　　网　　　　址：https://www.tup.com.cn, https://www.wqxuetang.com
　　　　地　　　　址：北京清华大学学研大厦A座　　　　　邮　　编：100084
　　　　社　总　机：010-83470000　　　　　　　　　　邮　　购：010-83470235
　　　　投稿与读者服务：010-62776969，c-service@tup.tsinghua.edu.cn
　　　　质　量　反　馈：010-62772015，zhiliang@tup.tsinghua.edu.cn
　　　　课　件　下　载：https://www.tup.com.cn，010-83470236
印　装　者：涿州市般润文化传播有限公司
经　　　销：全国新华书店
开　　本：185mm×260mm　　　印　张：13.25　　　字　　数：325千字
版　　次：2021年9月第1版　　　　　　　　　　　　　印　　次：2024年9月第2次印刷
印　　数：1501～1900
定　　价：39.00元

产品编号：083001-01

前　言

　　"计算机导论"是学习计算机专业知识的入门课程，是涵盖计算机专业（包括计算机科学与技术、软件工程、网络工程、信息安全和物联网工程等专业）完整知识体系的绪论。"计算机导论"的教学包括理论教学和实验教学两部分。理论教学的目标是：了解计算机的发展简史，激发学习兴趣；掌握计算机科学的基本知识，建立专业知识体系框架；了解计算机科学技术的最新发展，促进研究性学习；掌握计算机学科的思想和方法，培养综合素质与创新能力。实验教学的目标是：加深对计算机基本组成结构的理解；熟练掌握常用的计算机软件的使用；提高计算机操作技能。

　　学习 Windows、Word、Excel、PowerPoint 等常用软件的操作和使用，掌握基本的互联网应用，已成为人们学习、工作、生活和娱乐的一项基本技能，计算机专业的学生更应系统学习并熟练掌握。

　　全书共分 6 章：第 1 章介绍计算机的基本硬件组成，配有大量的图片，通过实践操作认识组成计算机的主要硬件；第 2 章介绍 Windows 10 操作系统的使用，包括 Windows 10 的基本操作、文件和文件夹管理、磁盘操作和系统管理等内容；第 3 章介绍 Word 2019 文字处理软件的使用，包括 Word 2019 的基本操作、编辑、排版、表格处理和图形处理等内容；第 4 章介绍 Excel 2019 电子表格处理软件的使用，包括 Excel 2019 的基本操作、输入与编辑数据、数据的运算、简单数据管理、图表、高级数据管理和数据透视表等内容；第 5 章介绍 PowerPoint 2019 演示文稿制作软件的使用，包括制作演示文稿、编辑幻灯片、多媒体应用和插入表格与图表等内容；第 6 章介绍计算机网络应用，包括接入互联网、网络通信、计算机网络服务、网络与信息安全等内容。

　　本书的编写参考了大量的书籍和相关网站内容，为此向有关的作者表示衷心的感谢。

　　本书由袁方、孙洪溥、张国春和安海宁编著。袁方提出结构安排和编写思路并编写第 1 章；孙洪溥编写第 2 章和第 3 章；张国春编写第 4 章和第 5 章；安海宁编写第 6 章；最终由袁方统编定稿。

　　由于编者水平有限，书中难免存在不妥之处，欢迎广大读者批评指正。

编者
2021 年 6 月

目 录

第1章 认识计算机

自从 1942 年第一台电子数字计算机——ABC 计算机、1946 年第一台通用电子数字计算机——电子数字积分和计算机（ENIAC）诞生以来，计算机（电子数字计算机）的发展速度惊人，经历电子管计算机、晶体管计算机、大规模集成电路计算机和超大规模集成电路计算机 4 个发展阶段，计算机的类型、内部组成、外部设备等都有很大的变化和发展，本章从计算机硬件构成的角度介绍目前常用的计算机。

1.1 计算机的分类

在计算机发展的早期，主要是大型计算机。随着计算机技术的发展和应用领域的拓展，逐渐出现了满足不同需要的多种类型的计算机。目前，常见的计算机类型主要包括超级计算机、大型计算机、服务器和微型计算机等。

（1）超级计算机的体积最大、速度最快、功能最强，价格也最高。超级计算机特别强调运算能力的提高，主要为国家安全、空间技术、天气预报、石油勘探、生命科学等领域的高强度计算服务。目前，世界上运算速度最快的计算机是日本理化学研究所和富士通公司于 2020 年合作研制成功的名为"富岳"（Fugaku）的超级计算机，如图 1.1 所示，其峰值运算速度达到每秒 53.7 亿亿次。我国目前运算速度最快的计算机是国家并行计算机工程技术研究中心于 2016 年研制成功的名为"神威·太湖之光"的超级计算机，如图 1.2 所示，其峰值运算速度达到每秒 12.5 亿亿次。

图 1.1 "富岳"超级计算机　　　　图 1.2 "神威·太湖之光"超级计算机

（2）大型计算机是一类高性能、大容量的通用计算机，具有很强的综合处理能力，有着标准化的体系结构和批量生产能力，在银行、税务、大型企业、大型工程设计和天气预报等领域得到广泛应用。IBM 公司生产的 zEnterprise 大型计算机如图 1.3 所示。

（3）服务器是指通过网络为客户端计算机提供各种服务的高性能计算机。服务器的高性能主要体现在高速的运算能力、长时间的可靠运行、强大的外部数据吞吐能力等方面。在银行、通信、电商等大型企业的核心系统中，使用大型计算机作为服务器比较多。近几年，在更多的中小单位中 PC 服务器得到了广泛的使用，PC 服务器如图 1.4 所示。按功能分类，服务器可分为数据库服务器、域名服务器、文件服务器、邮件服务器、Internet 服务器和应用服务器等。

图 1.3　大型计算机　　　　　　　　　　图 1.4　PC 服务器

（4）微型计算机也称为个人计算机或 PC，应用最为广泛。常用的微型计算机包括台式计算机、笔记本计算机（笔记本电脑）和平板计算机（平板电脑）等，如图 1.5～图 1.7 所示。

图 1.5　台式计算机　　　　　图 1.6　笔记本计算机　　　　　图 1.7　平板计算机

1.2　计算机的硬件组成

从组成计算机系统的硬件部分看，现在使用的计算机都属于冯·诺依曼型计算机，其基本组成结构由冯·诺依曼（John von Neumann，1903—1957）等在 1945 年完成的"关于电子计算装置逻辑结构设计"研究报告中给出，计算机由控制器、运算器、存储器、输入设备和输出设备 5 部分组成。

■ 1.2.1　中央处理器

中央处理器（Central Processing Unit，CPU）由控制器和运算器组成，更微观地说，中央处理器还包括寄存器。中央处理器是计算机内部对数据进行处理并对处理过程进行控制的核心部件。运算器负责完成算术运算和逻辑运算,寄存器临时保存参与运算的数据,控制器负责从存储器读取指令并按照指令的要求指挥各部件工作。

随着集成电路技术的快速发展,芯片集成度越来越高,CPU可以集成在一个半导体芯片上,这种具有中央处理器功能的超大规模集成电路芯片就是芯片化的CPU。目前,CPU芯片的主要生产厂家有Intel公司和AMD公司等。Intel公司生产的CPU芯片如图1.8所示。AMD公司生产的CPU芯片如图1.9所示。

图1.8　Intel公司的CPU芯片

图1.9　AMD公司的CPU芯片

1.2.2　存储器

计算机中的存储器分为主存储器和辅助存储器两大类,主存储器又称内存储器(简称内存),辅助存储器又称外存储器(简称外存)。内存用于存放要执行的程序和相应的数据;外存作为内存的后援设备,存放暂时不需要执行而将来要执行的程序和相应的数据。

1. 内存

计算机中常见的内存种类主要有随机存取存储器、只读存储器和高速缓存。如果不特别说明,内存一般是指随机存取存储器。

1)随机存取存储器

随机存取存储器(Random Access Memory,RAM)的特点是既可以存储数据,也可以读取数据,采用存取速度较快的随机存取方式。目前,RAM主要选用性能较高的双倍数据速率同步动态随机存取存储器(Double Data Rate Synchronous Dynamic RAM,DDR SDRAM),简称DDR内存。RAM通常做成内存条的形式,如图1.10所示。在通电的情况下,RAM中的数据能够保持,关机或停电将导致RAM中的数据丢失。

图1.10　内存条

2)只读存储器

与既可以向RAM中存入数据,也可以从中读取数据不同,早期的只读存储器(Read

Only Memory，ROM）中的数据一旦写入，只能读，不能改写。ROM 中的数据一般在计算机出厂前由制造商写入，在停电或关机后也不会丢失。ROM 主要用于存放系统引导程序、开机自检程序和系统参数（BIOS 程序）等。随着技术的进步及为了满足现实的需要，陆续出现了多种可由用户写入数据的 ROM 芯片，如图 1.11 所示。

图 1.11　ROM 芯片

3）高速缓存

相对于 CPU 的计算速度，内存中数据的存取速度较慢。计算机工作时，很多时间耗费在对内存单元的读写上，影响了 CPU 性能的充分发挥，因而影响了计算机的总体性能。为了解决内存与 CPU 工作速度上的矛盾，设计者在 CPU 和内存之间增设了一级容量不大但读写速度较快的高速缓冲存储器，也称高速缓存（cache）。可以将一部分频繁用到的程序指令和数据保存在 cache 中，当 CPU 访问程序指令和数据时，首先在 cache 中查找，如果找到则读取并运行；若找不到则到内存中读取。因此采用 cache 可以有效提高系统的运行速度。cache 一般由存取速度较快的静态随机存取存储器（Static RAM，SRAM）构成。目前，可以把 cache 设置成一级、二级或三级，一级 cache 一般集成在 CPU 内部，二、三级 cache 与 CPU 一起封装在一个芯片内。高速缓存的逻辑结构如图 1.12 所示。

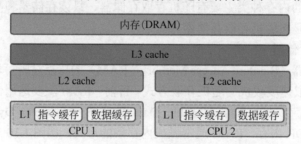

图 1.12　高速缓存

2. 外存

由于计算机的内存（RAM）具有易失性，因此必须将数据由内存转存到硬盘之类的外存才能长久保存。目前常用的外存主要有硬盘、固态硬盘和 U 盘等。

1）硬盘

硬盘是指硬磁盘。硬盘的盘片是铝、玻璃等硬质材料，其表面涂覆一层均匀磁性材料用于存储信息，若干片涂覆磁性材料的硬盘盘片和相应的读写磁头封装在一起构成硬盘（hard disk）。在硬盘的发展过程中，其体积越来越小、容量越来越大，并出现了可以通过 USB 接口热插拔的移动硬盘。目前常用的硬盘主要有 2.5 英寸（1 英寸＝2.54cm）和 3.5 英寸两种，存储容量为几百 GB 到几 TB。硬盘的外观和内部结构如图 1.13 所示。

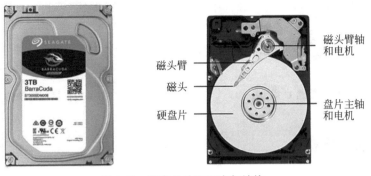

磁头臂轴和电机

磁头臂

磁头

硬盘片

盘片主轴和电机

图 1.13 硬盘的外观和内部结构

2）固态硬盘

固态硬盘（Solid State Disk，SSD）简称固盘，是用固态电子存储芯片阵列制成的硬盘。基于闪存的固态硬盘是目前的主流产品，其内部主体是一块印制电路板（Printed Circuit Board，PCB）。PCB 最主要的部件是控制芯片、缓存芯片和闪存芯片阵列。控制芯片的主要作用是合理调配数据在各个闪存芯片的存储及对外接口；缓存芯片辅助控制芯片进行数据处理；闪存芯片阵列用于存储数据。固态硬盘的功能与使用方法与普通硬盘相同。相对于普通硬盘，固态硬盘的读写速度更快、防震动抗摔碰性能好、无噪声、更轻便，但价格较高、擦写次数有限制、硬盘损坏后数据难以恢复。SATA 接口的固态硬盘如图 1.14 所示。M.2 接口的固态硬盘如图 1.15 所示。SATA 接口的固态硬盘与普通硬盘的外形、大小基本相同。

图 1.14 SATA 接口的固态硬盘

图 1.15 M.2 接口的固态硬盘

3）USB 闪存盘

USB 闪存盘简称 U 盘，是一种基于闪存（flash memory）技术的移动存储设备，通过 USB 接口与计算机相连。U 盘具有体积小、存储容量大和价格便宜等优点，是目前最常用的移动存储设备，将 U 盘插入 USB 接口，系统就会自动识别，使用方便。普通 U 盘如图 1.16 所示。带写保护的 U 盘如图 1.17 所示，其侧面有一个滑块，拨动滑块可以分别设置成写保护状态和可写入状态，写保护状态可使 U 盘免受计算机病毒的侵扰。

图 1.16　普通 U 盘

图 1.17　带写保护的 U 盘

■ 1.2.3　输入设备

输入设备是向计算机输入数据和信息的设备，常用的输入设备有键盘、鼠标、扫描仪等。

1. 键盘

键盘（keyboard）可以将英文字母、汉字、数字和标点符号等数据输入计算机中。使用键盘不仅可以输入数据，还可以输入指令控制计算机运行。

目前，台式机使用较多的键盘是 101 键盘和 107 键盘。笔记本计算机的键盘由于受到设计空间的限制，与台式机的键盘在键位布局上有所不同，使用组合键减少了按键的个数，从而缩小了键盘面板的面积。

2. 鼠标

鼠标（mouse）是计算机的一种输入设备，也是计算机显示系统纵横坐标定位的指示器，因形似老鼠而得名。鼠标的使用给计算机操作带来了很大的方便，取代由键盘输入的烦琐指令。目前常用的光电式鼠标的内部有红外光发射和接收装置，它利用光的反射来确定鼠标的移动。

鼠标一般有两个按键，左键用于实现确定操作，右键用于实现弹出菜单等功能。滚轮鼠标在原有两键鼠标的基础上增加了一个滚轮键，它拥有特殊的滑动和放大功能，手指轻轻滑动滚轮即可使页面上下翻动，对于翻页较多的操作非常方便。

鼠标从连接形式上可分为有线鼠标和无线鼠标。有线鼠标一般通过 USB 接口和计算机连接，无线鼠标一般通过电波与计算机连接，电波的技术标准又分为射频、蓝牙等。有线鼠标如图 1.18 所示。无线射频鼠标如图 1.19 所示。对于无线射频鼠标，需要一个射频接收器（USB 接口插件）插在计算机的 USB 接口。

图 1.18　有线鼠标

图 1.19　无线鼠标

3. 扫描仪

扫描仪（scanner）是一种捕获影像的输入设备，它将大面积的图像分割成条或块，逐条或逐块依次扫描，利用光电转换元件转换成数字信号并输入计算机中。利用扫描仪既可以输入图像和图片，也可以输入文字。现在所说的扫描仪一般是指平面扫描仪，如图 1.20 所示。除平面扫描仪外，还有 3D 扫描仪（3D scanner）。3D 扫描仪用来侦测并分析现实世界中物体或环境的形状（几何构造）与外观数据（如颜色、表面反照率等性质），搜集到的数据常被用来进行三维重建计算，形成实际物体的数字模型。简单地说，3D 扫描仪可以获取实际物体的立体形状和外观颜色等数据，并形成三维的数字模型。3D 扫描仪可以和 3D 打印机配合使用，对于一个实际物体，可以先通过 3D 扫描仪自动形成物体的三维数字模型，再用 3D 打印机打印出实际物体的复制品。3D 扫描仪如图 1.21 所示。

图 1.20　平面扫描仪

图 1.21　3D 扫描仪

■ 1.2.4 输出设备

输出设备用于输出计算机数据的输出显示。常用的输出设备有显示器、打印机、3D 打印机、绘图仪等。

1. 显示器

显示器（display）用来显示字符与图形图像信息，是计算机必配的输出设备。

常用的显示器有阴极射线管（Cathode Ray Tube，CRT）显示器和液晶显示器（Liquid Crystal Display，LCD），早期台式计算机主要配置 CRT 显示器，现在 LCD 显示器取代了 CRT 显示器。

LCD 显示器是在两片平行的玻璃当中放置液态的晶体，两片玻璃中间有许多垂直和水平的细小电线，通过通电与否控制杆状水晶分子改变方向，将光线折射出来产生画面。LCD 显示器具有体积小、质量轻、省电、无闪烁和无辐射等优点，液晶显示器如图 1.22 所示。

显示器与主板通过显示适配器连接，显示适配器一般做成板卡的形式，插接在主板的扩展槽上（目前一般是 PCI-e 插槽），其主要作用是把主机向显示器发出的显示信号转化为能够显示的电器信号。显卡主要由显卡主板、显示芯片、显示存储器（显存）、视频输出接口、散热器（散热片、风扇）等部分组成。早期的显卡只是单纯意义上的显卡，只起到信号转换的作用。目前使用的显卡一般带有三维画面运算和图形处理功能，其中的显示芯片也称为图形处理器(Graphic Processing Unit，GPU)。在处理图形（特别是三维图形）时，GPU 使显卡减少了对 CPU 的依赖，并完成了部分原本属于 CPU 的工作，加快了图形处理速度。显卡如图 1.23 所示。

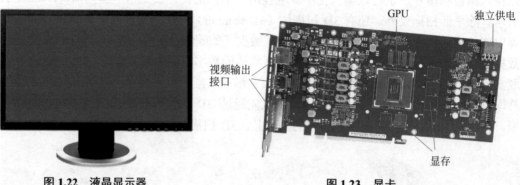

图 1.22　液晶显示器　　　　　　　　图 1.23　显卡

2. 打印机

打印机（printer）是一种常用的输出设备，用于将计算机运行结果打印显示。利用打印机不仅可以打印数字、文字，也可以打印图形和图像。目前，常用的打印机是激光打印机，针式打印机和喷墨打印机也有应用。在银行或邮局等场景需要打印多联票据，则使用针式打印机。

激光打印机采用激光和电子放电技术，通过静电潜像，再用碳粉使潜像变成粉像，加热固定碳粉，最后印出内容。针式打印机、喷墨打印机和激光打印机分别如图 1.24～图 1.26 所示。

图 1.24　针式打印机　　　图 1.25　喷墨打印机　　　图 1.26　激光打印机

3. 3D 打印机

3D 打印（3D printing）是一种快速成形技术，以数字模型文件为基础，运用粉末状塑料、树脂、陶瓷、金属等可黏合材料，通过逐层添加的方式构造物体。

每一层的添加过程分为两步。首先在需要成形的区域喷洒一层液态黏合剂，再均匀喷洒一层粉末，粉末遇到黏合剂会迅速固化黏结，如此在一层液态黏合剂和一层粉末的交替下，实物被逐渐构造成形。也可以采用激光烧结技术。首先按形状先喷洒一层粉末，然后通过激光高温烧结，如此喷洒一层粉末再通过激光高温烧结，层层累加，构造出实物。

基于 3D 打印技术完成 3D 打印工作的设备称为 3D 打印机（3D printer）。未来，3D 打印将会冲击基于车床、钻头、冲压机、制模机等工具的传统制造业。但目前，由于受到打印材料、性能、成本和速度等因素的制约，还主要用于产品模型、设计样品、玩具、装饰品等物品的打印，难以规模化打印实用产品。3D 打印机如图 1.27 所示。

图 1.27　3D 打印机

4. 绘图仪

绘图仪（plotter）是一种能在纸张、薄膜和胶片等介质上绘出计算机生成的各种图形或图像的设备。按绘图仪的结构和工作原理可以分为滚筒式和平台式两类，分别如图 1.28 和图 1.29 所示。

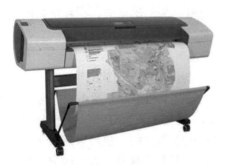

图 1.28　滚筒式绘图仪

图 1.29　平台式绘图仪

■ 1.2.5　多媒体设备

目前，计算机已具备完善的多媒体信息处理功能，用户可以使用计算机播放视频、音乐、动画等，还可以使用多媒体软件录制视频、音乐和图形图像等多媒体作品。计算机通过配置多媒体设备实现这些功能。常用的多媒体设备有视频采集卡和声卡。

1. 视频采集卡

视频采集卡（video capture card）也称视频卡，它将摄像机、录像机、电视机、IPTV 机顶盒、光盘播放器、游戏机等外部视频设备输出的视频信号或视频音频的混合信号采集并输入计算机，然后转换成计算机可识别的数字信息，存储成为可编辑处理的视频数据文件。视频卡在图形图像处理、视频和音频编辑等领域中应用较为广泛。视频采集卡如图 1.30 所示。

2. 声卡

声卡（sound card）也称音频卡，用来接收、处理和输出音频信息。声卡与麦克风连接用于接收声音信息，将其转化为计算机能够识别的数字信息。声卡与音箱或耳机连接用于输出声音。

声卡一般会提供多组音频输入输出接口。声卡如图 1.31 所示。

图 1.30　视频采集卡

图 1.31　声卡

■ 1.2.6　网络设备

目前，计算机接入网络常用的设备有网络适配器、光网络单元、交换机和路由器等。

1. 网络适配器

网络适配器（network adapter）通常称为网卡，其作用是把计算机与传输介质（双绞线等）相连，从而连入网络。网卡分为有线网卡和无线网卡两类，如图 1.32 所示为两款有线网卡，可以插入计算机的扩展槽（目前一般为 PCI-e 插槽）或 USB 口，在有线网卡上一般会提供一个双绞线水晶头接口，通过双绞线将计算机连入网络。也可以通过无线网卡将计算机连入网络。笔记本计算机、平板计算机一般内置有无线网卡，以无线方式接入网络。对于没有内置无线网卡的计算机，可以通过插接 USB 接口或 PCI-e 接口的无线网卡，以无线方式接入网络。无线网卡如图 1.33 所示。

图 1.32　有线网卡

图 1.33　无线网卡

2. 光网络单元

随着技术的进步与成本的降低，带宽大、传输速度快的光纤已成为主干网络的主要传输介质。计算机中存储、处理的是数字信息，光纤中传输的是光信号。用光纤在计算机之间传输数字信息，需要把发送端的数字信息转换为光信号，在接收端将光信号再转换为数字信息。把数字信息与光信号相互转换的设备称为光网络单元（Optical Network Unit，ONU），也称为光纤接入用户端设备，俗称光猫。光网络单元如图1.34所示。

图1.34　光网络单元

3. 交换机

交换机（switch）是一种扩大网络连接规模的设备，通过提供更多的网络接口把更多的计算机设备接入网络。交换机在同一时刻可进行多个端口之间的数据传输，而且每个端口均可达到交换机的端口最大带宽。交换机如图 1.35 所示。通过应用交换机扩展网络规模，如图1.36所示。

图1.35　交换机　　　　　　　　　图1.36　交换机的应用

4. 路由器

路由器（router）用来连接两个或多个网络，能够实现不同类型网络的互联。数据在网络传输时，路由器负责路径选择，找到一条较优的路径。路由器如图1.37所示，通过路由器可实现多个网络的互联，如图1.38所示。

近几年，无线路由器在家庭、学生宿舍等场合得到广泛应用，这种无线路由器同时具有路由器、交换机和无线接入点的功能，能以无线、有线两种方式接入上网设备。如图1.39所示为一台无线路由器，如图1.40所示为光猫、无线路由器的连接模式。

图 1.37　路由器

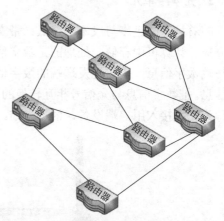

图 1.38　路由器的应用

图 1.39　无线路由器

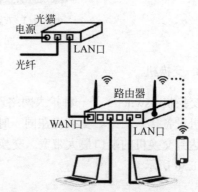

图 1.40　光猫和无线路由器的连接

■ 1.2.7　主板和总线

组装一台微型计算机需要 CPU、内存、硬盘、键盘、鼠标、显示器和打印机等多种部件和设备，以主板和总线的方式把这些部件组织在一起。通过主板上的插槽和接口将各种部件连接在一起，通过总线实现各部件之间的相互通信。这种方式有利于计算机结构和计算机组装的标准化，有利于提高计算机的整体性能。

1. 主板

主板（mainboard）的主要功能有两个：一是提供插接 CPU 芯片、内存条和各种功能卡的插槽，甚至将一些功能卡（如显卡、声卡、网卡等）集成在主板上；二是为各种常用外部设备，如键盘、鼠标、显示器、打印机、硬盘和 U 盘等提供通用接口。主板的性能影响整个计算机系统的性能。主板一般由芯片、插槽和对外接口三个主要部分组成，如图 1.41 所示。

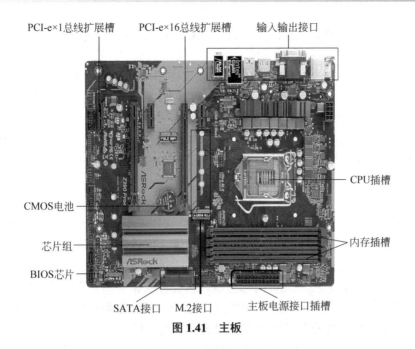

图 1.41 主板

1）芯片

（1）芯片组。由一组共同工作的集成电路芯片构成，负责将计算机的核心——CPU 和其他部分相连接，是决定主板级别的重要部件。芯片组被焊接在主板上，不能像 CPU 芯片、内存条等可进行简单的插拔替换。

（2）BIOS。直译为"基本输入输出系统"，保存计算机系统中的基本输入输出程序、系统设置信息、自检程序和系统启动自举程序等，为计算机提供最基本、最直接的硬件控制功能。现在主板上的 BIOS 还具有电源管理、系统监控、病毒防护、CPU 参数调整等附加功能。有些 BIOS 芯片集成在主板上，称为板载 BIOS。

（3）CMOS 芯片。CMOS 用来存放系统硬件配置和一些用户设定的 BIOS 参数等，通常被集成在主板上的一块特定区域，开机时由系统电源供电，关机时由主板上的一块纽扣电池独立供电，即使计算机关闭电源，CMOS 中的设置也不会被清除。重新设置 CMOS，需要在计算机启动时按 F2 或 Del 键进入 BIOS 设置窗口，选择 CMOS 的设置功能。

2）插槽/插座

目前，计算机中的扩展槽一般可以分为 CPU 插座、内存插槽、总线扩展插槽等。

（1）CPU 插座。CPU 芯片通过 CPU 插座连接主板，不同类型的 CPU 需要有与之对应的 CPU 插座。目前常见 CPU 的接口是针脚式接口或触点式接口。

（2）内存插槽。用于插接内存条，可以通过增加或减少内存条的数量以及更换不同容量的内存条，以增加或减少系统的内存容量。

（3）总线扩展插槽。通过总线扩展插槽可以插接多种标准板卡，如显卡、视频卡、声卡和网卡等。目前，主板主要有 PCI 扩展槽和 PCI-e 扩展槽，插接进扩展槽的板卡实现了与 CPU 的连接，成为计算机系统的组成部分。

3）对外接口

目前，主板提供的对外接口通常有硬盘接口、USB 接口和 M.2 接口等。

（1）硬盘接口。目前常用的硬盘接口是 SATA 接口，用于连接串口硬盘，可以有效提高硬盘的读写速度。

（2）USB 接口。USB 接口具有传输速度快（USB 3.0 达到 5.0 Gb/s）、使用方便、支持热插拔和连接灵活等优点，可以连接鼠标、键盘、打印机、扫描仪、摄像头、U 盘、手机、数码相机、移动硬盘和 USB 网卡等外部设备。

（3）M.2 接口。M.2 接口是一种新型接口，可以兼容 SATA、PCI-e、USB、HSIC、UART、SMBus 等多种协议，如图 1-41 所示。目前，常见的接入设备是固态硬盘和无线网卡。

2. 总线

总线（bus）是指将信息从一个或多个源部件传送到一个或多个目的部件的一组传输线，是计算机中传输数据的公共干线。采用总线结构便于部件和设备的扩充，使用统一的总线标准，不同设备间的互联将更容易实现。

在微型计算机中，总线一般有内部总线、系统总线和外部总线之分。内部总线是指芯片内部连接各元件的总线。系统总线是指连接 CPU、存储器和各输入输出模块等主要部件的总线。外部总线则是微型计算机和外部设备之间的总线。

根据传送信息内容的不同，系统总线分为数据总线、地址总线和控制总线。

- 数据总线（Data Bus，DB）：用于微处理器与内存、微处理器与输入输出接口之间传送信息。数据总线的宽度（根数）决定每次能同时传输信息的位数。因此，数据总线的宽度是决定计算机性能的一个重要指标。目前，微型计算机的数据总线大多是 64 位。
- 地址总线（Address Bus，AB）：从内存单元或输入输出端口中读取或写入数据，首先要知道内存单元或输入输出端口的地址，地址总线则用来传送这些地址信息。地址总线的宽度决定微处理器能访问的内存空间，若微处理器只有 32 根地址线，则最多只能访问 4GB（2^{32}B）的内存空间。
- 控制总线（Control Bus，CB）：用于传输控制信息，进而控制对内存和输入输出设备的访问。

以上以微型计算机为例，简要介绍了计算机的基本硬件构成。不同的计算机生产厂商会根据计算机的不同档次和型号配置不同的硬件设备。随着技术的不断进步，新的接口和设备不断出现。这里只作基本内容的介绍，读者可以在此基础上多实际观察设备、多查看相关资料，更深入地了解硬件设备及其功能特点，逐步具备购置计算机、维护升级计算机、提升计算机性能的基本能力。

1.3 小结

本章从认识计算机硬件构成的角度，以微型计算机为例，简要介绍了 CPU、内存、外存、输入设备、输出设备，把各部件高效组织在一起的主板和总线，拓展计算机能力的视频采集卡、声卡、网卡、光猫、交换机和路由器。读者可在此基础上，通过实践观察和查阅资料，进一步更深入地了解计算机硬件设备及其功能特点，逐步具备购置计算机、维护升级计算机、提升计算机性能的能力。

实验题目

■ 实验 1.1　熟悉计算机的各种硬件设备

实验目的：

熟悉微型计算机的各种硬件设备。

实验要求：

打开主机箱，观察组成计算机的各硬件部件，包括 CPU、内存、显卡、视频采集卡、声卡、网卡等与主板的插接方式，以及硬盘（固态硬盘）、键盘、U 盘、显示器、打印机、网线等与主机的连接（接口）方式。

对部分可拆卸部件进行拆卸与组装，了解拆卸计算机部件的注意事项，进一步了解计算机各部件的连接（接口）关系。

■ 实验 1.2　列出组装一台计算机的装机配置清单

实验目的：

理解微型计算机的各种硬件设备及其性能指标。

实验要求：

面向某种应用需要，列出组装一台台式计算机的装机配置清单，如表 1.1 所示。要求既能在功能、性能、可靠性等方面较好地满足应用需要，又尽可能降低成本，即具有较高的性价比。说明：其中的性能指标主要指内存、外存的存储容量等；有些部件（如固态硬盘）可以不选，有些部件（如声卡、网卡等）可以选择集成在主板上的，不用单独列出。

表 1.1　计算机装机配置清单

计算机部件	品 牌 型 号	性 能 指 标	价　格	备　注
CPU				
主板				
内存				
硬盘				
固态硬盘				
显卡				
显示器				
光驱				
主机箱				

续表

计算机部件	品 牌 型 号	性 能 指 标	价　格	备　注
电源				
鼠标				
打印机				
网卡				
视频采集卡				
声卡				
合　计				

第2章 Windows 10操作系统

配置完成计算机硬件系统后，首先需要安装的软件是操作系统。操作系统是计算机系统中最基本和最重要的系统软件，优秀的操作系能够充分发挥计算机软、硬件资源的性能，并为用户提供操作使用计算机的友好界面，Word、PowerPoint、Excel 等应用软件都需要在操作系统中安装与运行。目前，在微型计算机中应用较多的操作系统软件是由美国微软公司开发的 Windows 10 操作系统。

2.1 Windows 10 简介

Windows 10（简称 Win 10）是由美国微软公司开发的主要应用于微型计算机的一款操作系统，于 2015 年 7 月发布。Windows 10 较以往版本的 Windows 操作系统在易用性和安全性方面有了很大的提升，除了针对云服务、智能移动设备、人机交互等新技术进行融合外，还对固态硬盘、生物识别、高分辨率屏幕等硬件进行了优化、完善与支持。

2.1.1 Windows 10 的特色功能

Windows 10 自带 6 个特色功能，分别为剪贴板、截图功能、录屏功能、任务视图切换、虚拟桌面和滑屏关机。具体功能和操作方式如下：

1. 剪贴板

按 Win+V 组合键，打开剪贴板，可以查看剪贴板历史记录。单击历史记录可粘贴其中的内容，如图 2.1 所示。

2. 截图功能

按 Shift+Win+S 组合键，通过鼠标左键选定截图区域。截图方式有 4 种，分别为矩形截图、任意形状截图、窗口截图和全屏截图，如图 2.2 所示。

3. 录屏功能

按 Win+G 组合键，打开 Xbox（Win 10 内置的游戏录制软件）窗口，如图 2.3 所示。

图 2.1　剪贴板

图 2.2　截图按钮

图 2.3　Xbox

单击"捕获"按钮打开捕获屏幕窗口，如图 2.4 所示。单击"截取屏幕截图"或"开始录制"按钮，即可截取或录制屏幕。

图 2.4　"捕获"窗口

4. 任务视图切换

按住 Alt 键不放，再按 Tab 键可以打开任务视图，不断地按 Tab 键可以进行任务切换，切换到指定任务后放开按键即可切换至该任务。

5. 虚拟桌面

通过 Windows 10 虚拟桌面用户可以使用多个桌面。如在演示时，可以按 Win+Ctrl+D 组合键新建一个桌面；按 Ctrl+Win+左右方向键切换桌面；按 Win+Ctrl+F4 组合键关闭当前虚拟桌面。

6. 滑屏关机

滑屏关机功能是平板计算机专用的，通过设置也可以在没有触摸屏的计算机中使用。其操作方法是，按 Win+R 组合键进入"运行"对话框，在文本框中输入 slidetoshutdown，单击"确定"按钮，即可出现锁屏界面。锁屏界面占屏幕的上半部分，单击屏幕上半部分即可关机。

■ 2.1.2　Windows 10 的版本和主要功能

1. Windows 10 家用版

Windows 10 家用版（Windows 10 Home Edition）是入门级的版本，拥有 Edge 浏览器、Windows Hello 生物特征认证登录及小娜助手等功能，不能禁止 Windows 10 的自动更新。

2. Windows 10 专业版

Windows 10 专业版（Windows 10 Professional Edition）在家用版的基础上增加了一些功能，以满足大部分用户的使用，具有组策略管理、BitLocker、远程桌面、Hyper-V 客户端等功能，可以保护敏感的企业数据，支持远程和移动办公，也可以使用云计算技术。

3. Windows 10 企业版

Windows 10 企业版（Windows 10 Enterprise Edition）在专业版的基础上拓展功能，适应于大型企业人员的使用，增添了大、中型企业用来防范针对设备、身份、应用和敏感企业信息的现代安全威胁的先进功能。

4. Windows 10 教育版

Windows 10 教育版（Windows 10 Education Edition）是针对学校、教育机构设计的版本，通过对教育机构批量授权的方式销售，具备企业版中的安全、管理及连接功能，功能与企业版类似。

5. Windows 10 移动版

Windows 10 移动版（Windows 10 Mobile Edition）主要用于手机、平板计算机等移动设备，集成有与 Windows 10 家用版相同的通用 Windows 功能和针对触摸操作优化的 Office 软件。

本章主要对 Windows 10 专业版进行介绍。

■ 2.1.3　Windows 10 的安装

1. 安装方式

Windows 10 的安装方式包括升级安装和全新安装两种。升级安装是把原 Windows 操作系统升级到安装盘所提供的 Windows 10 版本，并保留原有的个人文件、设置和应用程序。

2. 安装准备

操作系统的全新安装会清空原系统盘的全部文件或覆盖原操作系统，属于高风险的操作。安装操作系统需要做以下准备工作。

（1）备份操作系统盘（一般是 C 盘）中的重要个人文档（如桌面、文档、图片、视频等文件夹，一般存放在"C:\Users\账户名"文件夹中）。

（2）准备计算机的驱动程序，尤其是网卡驱动程序。

3. 安装步骤

（1）在微软官方网站下载媒体创建工具 MediaCreationTool.exe，运行程序创建 Windows 10 的安装介质——U 盘（需要 8GB 以上的 U 盘），如图 2.5 所示。

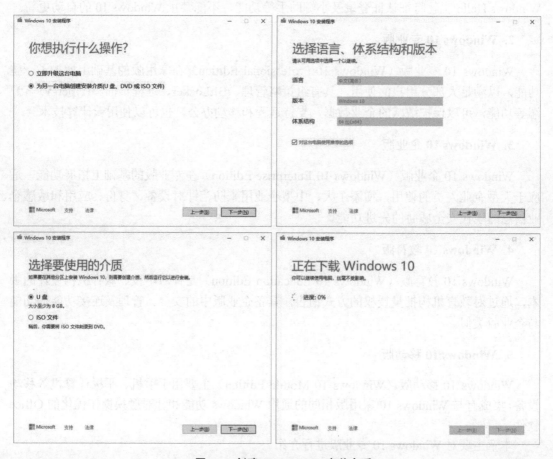

图 2.5　创建 Windows 10 安装介质

（2）将 Windows 10 安装 U 盘插入计算机的 USB 接口，并设置计算机从 U 盘启动，Windows 10 安装程序会在计算机开机后自动运行，如图 2.6 所示。

（3）按照 Windows 10 安装向导进行产品密钥、操作系统版本、安装方式、安装位置等选项设置。

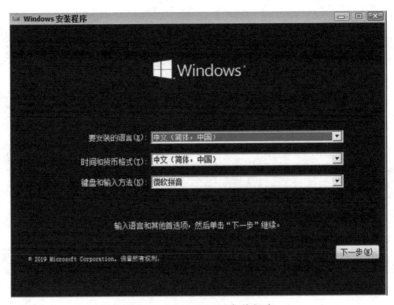

图 2.6　Windows 10 安装程序

（4）计算机自动重启后，继续进行区域设置和创建个人账户等操作，如图 2.7 所示，即可完成 Windows 10 的安装。

图 2.7　Windows 10 创建账户

■ 2.1.4　Windows 10 的桌面

用户登录 Windows 10 操作系统后所看到的整个屏幕称为"桌面"，是用户与计算机进行交互的窗口，Windows 10 的所有操作都是从桌面开始。Windows 10 的桌面包括桌面背景、桌面图标、任务栏和"开始"菜单按钮，如图 2.8 所示。

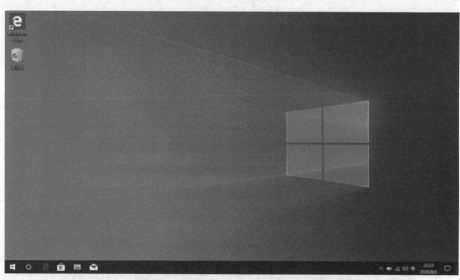

图 2.8　Windows 10 桌面

1．图标

桌面上的图片称为"图标"，每个图标代表一个对象，如文件夹、文档、应用程序等，双击图标即可打开相应的文件或程序。

Windows 10 启动后，桌面只有"回收站"图标和 Microsoft Edge 图标，用户可以根据自己的习惯个性化设置桌面，包括桌面图标、桌面背景、任务栏等。

2．任务栏

任务栏是 Windows 桌面的一个重要组成部分，一般位于桌面的底部，由"开始"菜单按钮、应用程序图标和系统指示区三部分组成，如图 2.9 所示。

图 2.9　任务栏

（1）"开始"菜单按钮。位于任务栏的最左侧，单击该按钮将弹出"开始"菜单，从中可以打开应用程序。

（2）应用程序图标。位于任务栏的中部区域，常用的应用程序可以固定在此区域，其作用与桌面图标类似，单击其中的某个图标即可打开相应的应用程序。同时，正在运行的应用程序图标也会显示在任务栏中部区域。

（3）系统指示区。位于任务栏的最右侧，其中包括音量、时间、输入法等系统图标和部分运行的程序图标的显示，如图 2.10 所示。

图 2.10　系统指示区

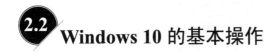

2.2 Windows 10 的基本操作

Windows 10 的基本操作主要包括 Windows 的启动与关闭、"开始"菜单、窗口的操作、用户及用户权限管理、安装/卸载程序等内容。

■ 2.2.1　Windows 10 的启动与关闭

1. Windows 10 的启动

接通计算机的电源，计算机自动进行"硬件自检"（Power On Self Test），硬件自检完成后启动 Windows 10 操作系统并进入 Windows 锁屏界面，等待用户登录。如用户未设置登录密码，则直接进入 Windows 10 操作系统。

2. Windows 10 的关闭

在 Windows 10 操作系统中，关闭计算机或退出账户有 5 种"电源"模式，分别是关机、重启、睡眠、注销和锁定。

（1）关机。结束正在运行的程序，注销当前用户。准备关机前，应先保存文档，然后单击"开始"菜单→"电源"→"关机"，完成关机操作，如图 2.11 所示。

图 2.11　关机对话框

如果未按上述步骤关机，直接关闭计算机电源，则有可能造成数据丢失。

（2）重启计算机。在系统更新、软件安装或进行某些系统设置后，需要重启计算机才能生效。此操作可以通过单击图 2.11 所示对话框中的"重启"命令来完成。

（3）睡眠。暂时离开计算机时，可以将计算机设置为"睡眠"状态。计算机睡眠（sleep）是计算机由工作状态转为等待状态的一种节能模式，开启"睡眠"状态，系统的所有工作都会保存在硬盘的一个系统文件中，同时关闭除了内存外所有设备的供电。此操作可以通过单击图 2.11 所示对话框中的"睡眠"命令来完成。

（4）注销。更换登录用户时，通常会使用"注销"操作。"注销"是系统释放当前用户所使用的所有资源，重新回到登录状态。此操作可单击"开始"菜单左侧的"用户头像"，在弹出的菜单中单击"注销"命令实现，如图 2.12 所示。

图 2.12 "注销"命令

（5）锁定。锁定只是把桌面锁屏，切换到等待登录界面，当前用户运行的程序并不被关闭。再次使用计算机时需要重新进行身份验证，以保护个人隐私。此操作可单击"开始"菜单左侧的"用户头像"，在弹出的菜单中单击"锁定"命令，如图 2.12 所示。按 Windows 10 的默认设置，长时间不使用计算机时，计算机将自动锁定。

■ 2.2.2 "开始"菜单

"开始"菜单罗列出计算机中目前安装的所有程序。使用"开始"菜单，用户可以打开应用程序、查看最近使用的文档、快速查找文件或文件夹、关闭计算机等。

Windows 10 的"开始"菜单左侧为常用项目、最近添加项目和显示所有应用程序；右侧是固定应用磁贴或图标的区域，方便快速打开应用程序，如图 2.13 所示。

1. 将应用程序固定到开始屏幕

单击"开始"菜单，右击左侧区域的应用程序，在弹出的快捷菜单中单击"固定到'开始'屏幕"命令，之后应用程序图标或磁贴将会出现在右侧区域中，如图 2.14 所示。

图 2.13　"开始"菜单

图 2.14　应用程序固定到开始屏幕

2. 在应用列表中快速查找应用程序

随着应用程序（简称应用）的增多，在"开始"菜单中浏览或查找应用会很慢。Windows 10 的"开始"菜单提供了快速查找功能，方便快速查找应用。操作方法是，单击"开始"菜单后，输入要启动的应用程序名称（中英文文件名或拼音文件名均可）或名称的首字母，相关应用或功能就会自动匹配列出，例如，输入 weixin 即可自动匹配列出"微信"，如图 2.15 所示。

图 2.15　快速查找应用

■ 2.2.3　窗口的操作

窗口是 Windows 操作系统的重要组成部分，很多操作都是通过窗口完成的。窗口的操作包括排列窗口、切换窗口和最小化全部窗口等操作。

1. 排列窗口

排列窗口的操作方法是，右击任务栏空白处，弹出的快捷菜单中包含显示窗口的 3 种形式，分别是"层叠窗口""堆叠显示窗口"和"并排显示窗口"，如图 2.16 所示。用户可以根据需要选择相应的窗口排列形式对窗口进行排列。

2. 切换窗口

在日常工作中有时会打开多个窗口，当查看某个窗口时需要切换窗口，切换窗口有以下两种常用方法。

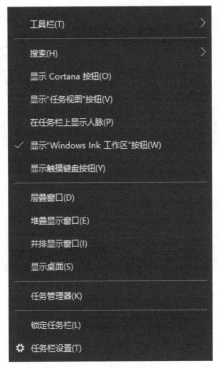

图 2.16　排列窗口

方法一：将鼠标移动到相应的应用程序图标按钮上，此时会显示出该应用程序的预览窗口，然后将鼠标移动到相应的预览窗口上，单击该预览窗口即可打开相应的窗口，如图 2.17 所示。

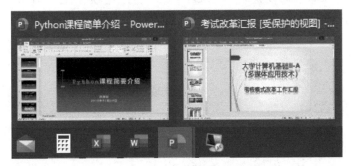

图 2.17　切换窗口一

方法二：使用 Alt+Tab 组合键。先按下 Alt 键，再按下 Tab 键，此时会显示所有窗口的缩略图。按住 Alt 键不放，每按一次 Tab 键就会转到下一个窗口的缩略图，切换到需要的窗口后，松开 Alt+Tab 组合键即可打开相应的窗口，如图 2.18 所示。

3. 最小化全部窗口

单击"任务栏"最右侧的窄条区域，即可最小化全部任务窗口，显示桌面，再次单击则返回原窗口状态，如图 2.19 所示。此外，使用 Win+D 组合键，也可最小化全部窗口，快速显示桌面。

图 2.18　切换窗口二

图 2.19　最小化全部窗口

2.2.4　用户及用户权限管理

1. 修改当前用户密码或身份验证方式

单击"开始"菜单→"设置"→"账户"→"登录选项"，在"登录选项"中设置登录设备的方式（包括 Windows Hello PIN、安全密钥、密码和图片密码等）及相关验证数据，如图 2.20 所示。

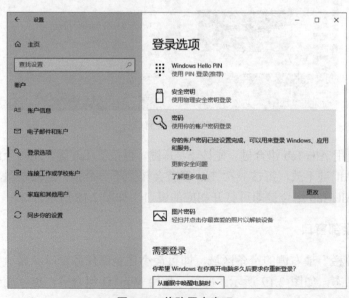

图 2.20　修改用户密码

对于本地用户，存储在计算机本地的登录密码是最基本的身份验证方式；对于网络账户，密码是指微软账户的网络密码，修改此密码，将影响到全部用此账户进行登录的设备、软件或服务。因此，为了便于登录计算机，网络账户一般使用 Windows Hello PIN 方式进行身份验证。

2. 注销当前账户，并使用新密码重新登录

单击"开始"菜单的左侧的"用户头像"，在弹出的菜单中单击"注销"命令，在登录界面选择账户并输入新密码。

3. 添加用户，并将用户设置为"标准用户"

在账户设置中单击"家庭和其他用户"，单击"将其他人添加到这台电脑"命令，根据向导提示添加网络账户和本地用户。如要添加本地用户，需要在向导中依次单击"我没有这个人的登录信息"→"添加一个没有 Microsoft 账户的用户"，如图 2.21 所示。单击用户，

图 2.21　添加用户

单击"更改账户类型"按钮，在"设置账户类型"对话框中设置账户类型为"标准用户"。

Windows 中的账户类型分为管理员用户、标准用户和来宾用户，相关权限和区别如下。

管理员：拥有对计算机最高级别的操作权限，可以进行所有的操作。

标准用户：可以完成大多数的常规操作，但不能进行修改系统设置操作。

来宾用户：为临时使用计算机的用户，权限较低，Windows 10 的账户设置中默认不提供来宾用户类型。

4. 检查用户账户控制设置

右击"我的电脑"，在弹出的快捷菜单中依次选择"属性"→"控制面板主页"→"用户账户"→"更改用户账户控制设置"，或通过"开始"菜单快速匹配打开"更改用户账户控制设置"，检查用户账户控制设置，个人计算机的设置不应低于"仅当应用尝试更改我的计算机时通知我（默认）"选项的级别，如图 2.22 所示。

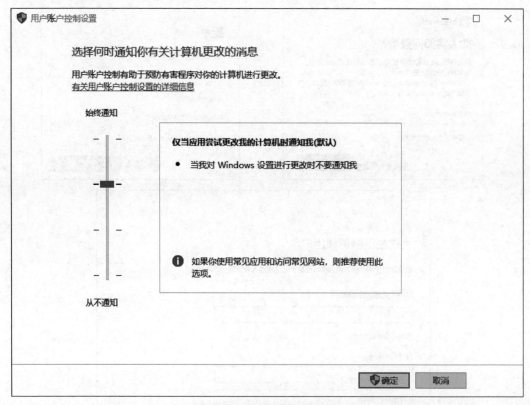

图 2.22　用户账户控制设置

5. 以管理员身份运行"命令提示符"程序

单击"开始"菜单→"Windows 系统"→"命令提示符"，或在"开始"菜单中输入"命令提示符"进行快速匹配，右击"命令提示符"，在弹出的快捷菜单中选择"以管理员身份运行"命令，如图 2.23 所示。

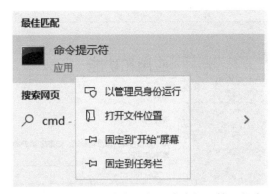

图2.23 以管理员身份运行"命令提示符"程序

■ 2.2.5 安装/卸载程序

从360官方网站下载360浏览器安装包，双击软件安装包，执行安装程序。注意检查自定义选项，可修改软件安装目录，并去除不必要的软件组件或设置，如图2.24所示。

图2.24 安装程序

如果想删除应用程序，安装程序时生成的程序文件、启动菜单项、快捷方式、系统设置等不能靠手工清除，要用卸载程序的方式。可以在"应用"中卸载程序，操作方法为单击"开始"菜单→"设置"→"应用"，如图2.25所示。

图 2.25　卸载程序

2.3　Windows 10 的文件管理

■ 2.3.1　文件资源管理器

1. 打开文件资源管理器

（1）右击"开始"菜单，在弹出的快捷菜单中选择"文件资源管理器"命令，打开"文件资源管理器"窗口，或单击"开始"菜单→"Windows 系统"→"文件资源管理器"。

（2）"文件资源管理器"窗口左边是导航窗格，右边工作区中显示其内容，地址栏显示文件夹的路径，如图 2.26 所示。

2. 显示 C 盘根目录下的所有文件（包括系统隐藏文件）

（1）在"文件资源管理器"窗口的左边窗格中单击"本地磁盘（C:）"，则工作区中显示 C 盘根目录下的所有文件和文件夹，Windows 10 默认不显示隐藏文件。

（2）单击"查看"选项卡，勾选"显示/隐藏"功能区中的"隐藏的项目"复选框，则工作区中显示 C 盘根目录下所有文件和文件夹，包括隐藏的文件和文件夹，如图 2.27 所示。

此操作也可以通过"查看"→"选项"→"查看"→"高级设置"进行设置。

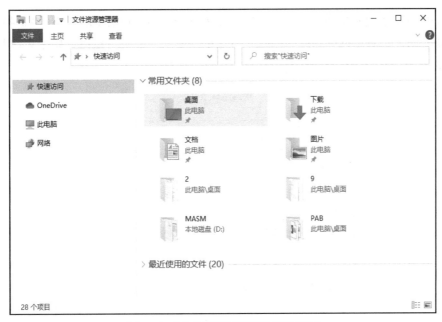

图 2.26 "文件资源管理器"窗口布局

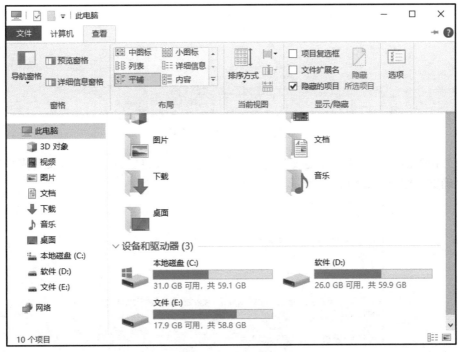

图 2.27 显示/隐藏设置

3. 显示文件的扩展名

单击"查看"选项卡,勾选"显示/隐藏"功能区中的"文件扩展名"复选框,即可显示文件的扩展名。

4. 隐藏文件/文件夹

（1）选中要隐藏的文件/文件夹，右击文件/文件夹，在弹出的快捷菜单中选择"属性"命令，在"属性"对话框中勾选"隐藏"复选框，单击"确定"按钮，如图 2.28 所示。

图 2.28 "属性"对话框

（2）在弹出的"确认属性更改"对话框中，选中"仅将更改应用于此文件夹"选项，单击"确定"按钮，如图 2.29 所示。

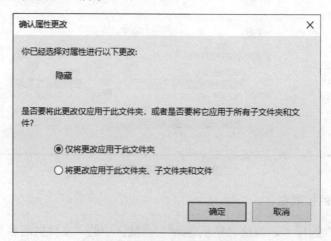

图 2.29 "确认属性更改"对话框

5. 在文件资源管理器中查看文件夹中的文件

文件的显示方式为纵向多属性列显示，可以看到文件和文件夹的名称、大小、类型和修改日期等属性。单击属性名称，可以对显示的文件和文件夹进行排序。例如，单击"大小"，即可按文件的大小升序排列所有文件和文件夹；再次单击"大小"，即可变为降序排列，如图 2.30 所示。

图 2.30　查看文件夹中的文件

■ 2.3.2　文件、文件夹的复制或移动操作

使用资源管理器进行文件、文件夹的复制或移动操作步骤如下。

（1）打开"文件资源管理器"，找到并选中需要操作的文件或文件夹，单击"文件资源管理器"中的"主页"选项卡，在"组织"功能区选择"复制到"或"移动到"命令。

（2）单击"选择位置"，在弹出的"复制项目"或"移动项目"对话框中选定相应位置后单击"复制"或"移动"按钮。

如果是同盘文件夹之间，可以使用左键拖曳完成"移动"操作；按住 Ctrl 键不放，使用左键拖曳完成"复制"操作。或使用快捷键完成文件、文件夹的复制或移动操作，按 Ctrl+X 组合键是剪切，按 Ctrl+C 组合键是复制，按 Ctrl+V 组合键是粘贴。

■ 2.3.3　文件搜索

文件或文件夹可以按照文件的名称、修改日期、类型、大小等属性进行搜索。

1. 按文件名称搜索

打开"文件资源管理器"，选中要搜索的目标文件夹，在右上方的"搜索栏"输入要搜索文件的名称并按回车键，即可启动搜索。

2. 按文件修改日期、类型、大小搜索

打开"文件资源管理器"，选中需要搜索的文件夹，首先在"搜索栏"输入要搜索文件的名称并按回车键，单击"搜索"选项卡，在"优化"功能区对"修改日期""类型""大小"或"其他属性"进行相关设置，即可启动搜索，如图 2.31 所示。

图 2.31 "搜索"选项卡

也可以在"搜索框"中输入搜索条件进行搜索，例如，搜索修改日期为 2020 年 8 月 5 日至 2020 年 8 月 10 日的文件，输入"修改日期：2020/8/5..2020/8/10"；搜索大于 1MB 的文件，输入"大小：>1MB"；搜索.png 格式的图片，输入"类型：png"，如图 2.32 所示。

图 2.32 按搜索条件搜索

3. 按文件内容搜索

打开"文件资源管理器"，选中需要搜索的文件夹，首先将文件内容输入搜索框并按回车键。然后单击"搜索"选项卡"选项"功能区中的"高级选项"下拉菜单，选中"文件内容"复选框即可，如图 2.33 所示。

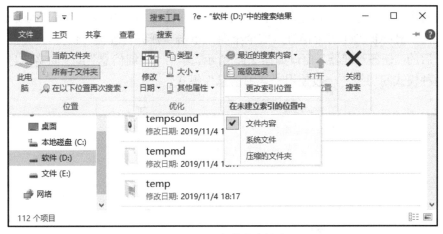

图 2.33 按文件内容搜索

2.3.4 创建快捷方式

1. 在桌面创建快捷方式

右击文件或文件夹，在弹出的快捷菜单中依次选择"发送到"→"桌面快捷方式"命令，即可在桌面创建该文件或文件夹的快捷方式。此时，在桌面会出现一个与文件或文件夹图标相同但左下角有箭头标记的图标，其名称为"XXX-快捷方式"，如图 2.34 所示。

图 2.34 快捷方式的图标

2. 在其他文件夹中创建快捷方式

右击文件或文件夹，在弹出的快捷菜单中选择"复制"命令，然后进入目标文件夹，右击空白区域，在弹出的快捷菜单中选择"粘贴快捷方式"命令。

2.4 任务和设备管理

为了使计算机发挥最佳性能，需要对计算机的任务和设备进行管理，并定期进行系统维护工作。

2.4.1 任务管理器的使用

任务管理器可以查看计算机的 CPU、内存、外存和网络等资源的使用情况，还可以查看进程运行状态和终止进程；也可以禁用自启动程序，提高操作系统的启动速度。

1. 启动任务管理器

启动任务管理器的方法有以下两种：

（1）右击"任务栏"空白处，在弹出的快捷菜单中单击"任务管理器"命令。

（2）按 Ctrl+Alt+Del 组合键进入安全桌面，单击"任务管理器"命令。

打开后的"任务管理器"窗口如图 2.35 所示，单击"详细信息"或"简略信息"按钮，可以在两种模式间切换，一般使用"详细信息"模式。

图 2.35 "任务管理器"窗口

2. 在任务管理器中查看系统资源的使用情况

单击"任务管理器"窗口中的"性能"选项卡，单击左边区域的 CPU、内存、磁盘、以太网等选项，可以查看其使用情况。对于硬盘还可查看读写速度；以太网还可查看发送和接收速度，如图 2.36 所示。

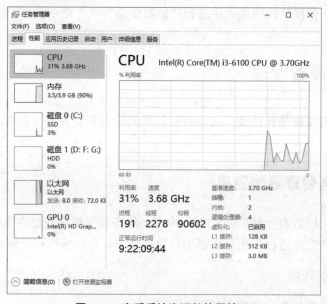

图 2.36 查看系统资源的使用情况

3. 在任务管理器中尝试强制结束程序

使用资源管理器结束程序的方法有以下两种：

（1）单击"任务管理器"窗口中的"进程"选项卡，右击应用程序，在弹出的快捷菜单中单击"结束任务"命令，即可强制结束任务，如图 2.37 所示。

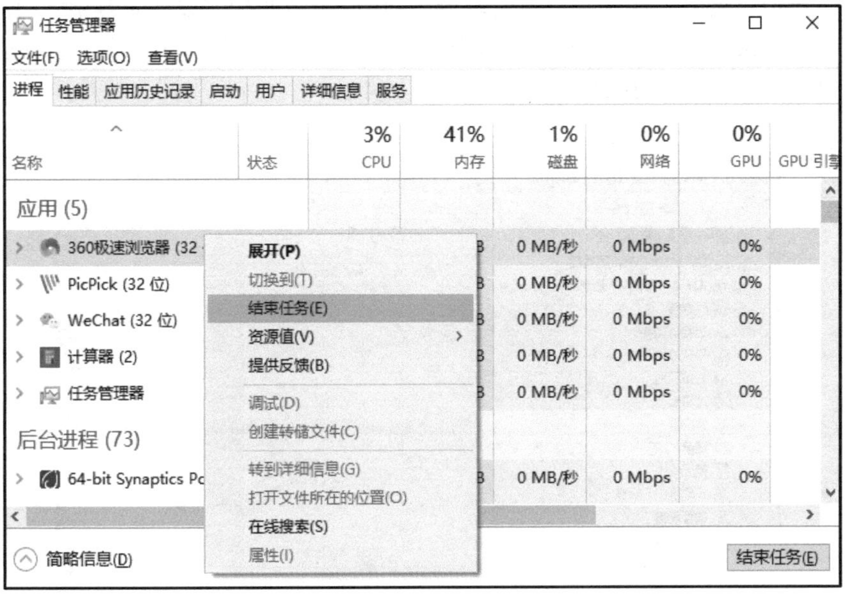

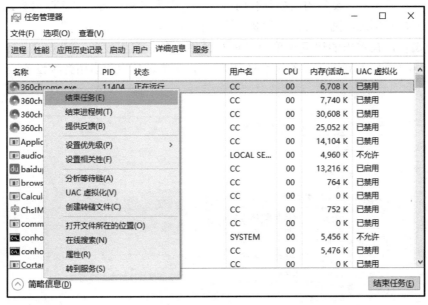

图 2.37 "进程"选项卡

（2）单击"任务管理器"窗口中的"详细信息"选项卡，右击应用程序文件名，在弹出的快捷菜单中单击"结束任务"命令，即可强制结束任务，如图 2.38 所示。

图 2.38 "详细信息"选项卡

■ 2.4.2 设备管理器的使用

1. 启动设备管理器

单击"开始"菜单，输入"设备管理器"，快速搜索匹配"设备管理器"，或单击"开始"菜单→"Windows 系统"→"控制面板"→"硬件和声音"→"设备管理器"命令启动设备管理器，如图 2.39 所示。

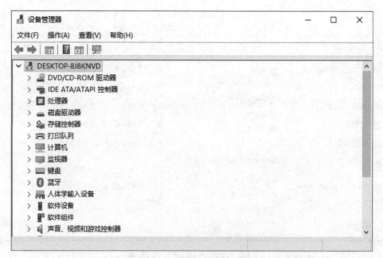

图 2.39 "设备管理器"窗口

2. 查看设备工作状态，尝试禁用、启用音频设备

在设备管理器中，设备的图标带有问号标志，则为未知设备；带有叹号标志，则为异常设备；带有⊕标志，则为被禁用设备；不带任何标志，则为正常设备。

右击设备，在弹出的快捷菜单中可进行禁用设备、启用设备、卸载设备等操作，如图 2.40 所示（不同计算机的设备显示略有不同），可尝试禁用和启用音频设备。

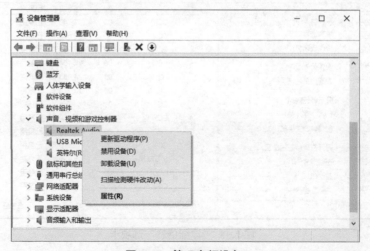

图 2.40 管理音频设备

3. 添加蓝牙设备

添加蓝牙设备需要在具有蓝牙功能的计算机上才能进行，单击"开始"菜单→"设置"→"设备"命令启动"蓝牙和其他设备"，单击"添加蓝牙或其他设备"可添加蓝牙设备，如蓝牙耳机、蓝牙鼠标、蓝牙游戏手柄等，如图 2.41 所示。部分蓝牙设备在添加过程中需要输入配对密码。

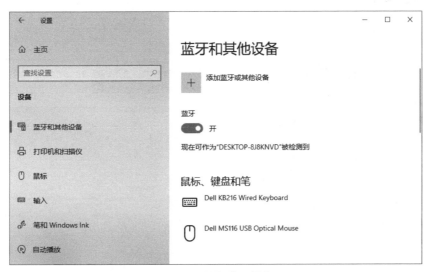

图 2.41　添加蓝牙设备

2.4.3　任务计划程序

1. 启动"任务计划程序"

单击"开始"菜单，输入"任务计划程序"，快速搜索匹配"任务计划程序"，或单击"开始"菜单→"Windows 管理工具"→"任务计划程序"命令启动"任务计划程序"，如图 2.42 所示。

图 2.42　"任务计划程序"窗口

2. 创建任务计划

在"任务计划程序"窗口右侧窗格单击"创建基本任务"命令，在"创建基本任务向导"对话框中填写任务名称，设置触发时间和操作，即可完成任务计划的创建，如图 2.43 所示。

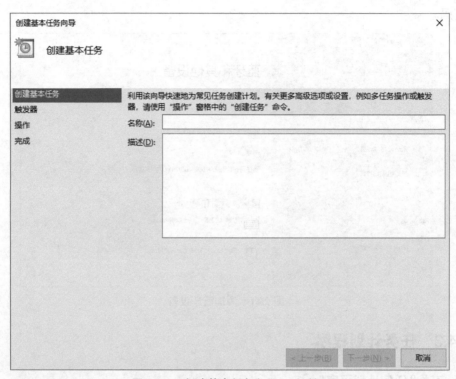

图 2.43 "创建基本任务向导"对话框

3. 测试任务计划

单击"任务计划程序"窗口左侧窗格中的"任务计划程序库"，中间窗格即可显示任务计划清单，选中之前创建的任务计划，单击右侧窗格"运行"命令进行测试。

4. 修改任务计划

单击"任务计划程序"窗口左侧窗格中的"任务计划程序库"，中间窗格即可显示任务计划清单，选中之前创建的任务计划，单击右侧窗格中"属性"命令，在弹出的对话框中进行修改。

2.5 磁盘操作

磁盘操作包括磁盘维护、磁盘格式化、调整磁盘分区大小等。

■ 2.5.1　磁盘维护

为了提高磁盘空间的利用率和读写速度，需要对磁盘定期进行维护与优化，包括进行磁盘清理、磁盘查错、磁盘优化与碎片整理。

1. 磁盘清理

（1）右击"开始"菜单，在弹出的快捷菜单中选择"磁盘管理"命令启动"磁盘管理"窗口，如图 2.44 所示；或单击"开始"菜单→"Windows 管理工具"→"计算机管理"→"磁盘管理"命令。

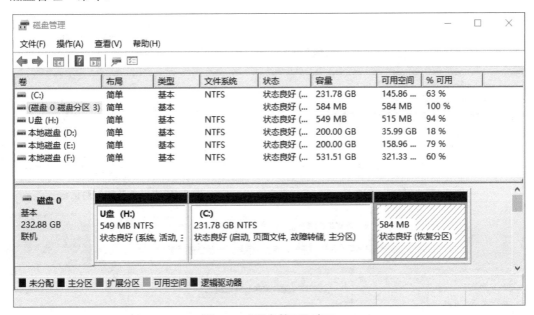

图 2.44　"磁盘管理"窗口

（2）右击"本地磁盘（C:）"，在弹出的快捷菜单中单击"属性"命令，如图 2.45 所示。

（3）单击"磁盘清理"按钮，在弹出的"磁盘清理"对话框中选择要删除的文件，如图 2.46 所示，单击"确定"按钮。

（4）完成清理后单击"确定"按钮。

2. 磁盘查错

（1）打开"磁盘管理"窗口，右击"本地磁盘（C:）"，在弹出的快捷菜单中单击"属性"命令，单击"工具"选项卡，单击"查错"功能区域的"检查"按钮，如图 2.47 所示。

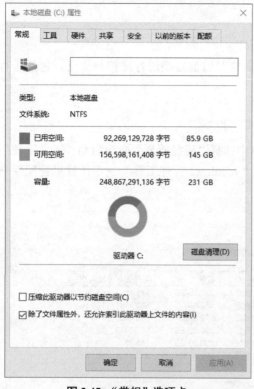

图 2.45 "常规"选项卡

图 2.46 "磁盘清理"对话框

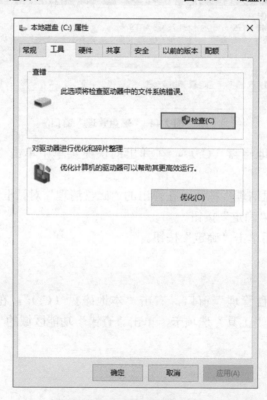

图 2.47 "工具"选项卡

（2）在弹出的"错误检查"对话框中，单击"扫描驱动器"，如图2.48所示。

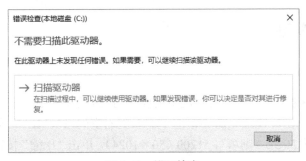

图 2.48　错误检查

（3）扫描完成后单击"关闭"按钮。

3. 磁盘优化与碎片整理

（1）打开"磁盘管理"窗口，右击"本地磁盘（C:）"，在弹出的快捷菜单中单击"属性"命令，单击"工具"选项卡，单击"对驱动器进行优化和碎片整理"功能区域的"优化"按钮，如图2.47所示。

（2）在弹出的"优化驱动器"对话框中，单击"删除自定义设置"命令，如图2.49所示。

（3）在弹出的"优化驱动器"对话框中选择需要优化的磁盘，单击"优化"按钮，如图2.50所示。

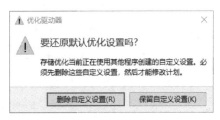

图 2.49　优化驱动器

图 2.50　"优化驱动器"对话框

（4）碎片整理完成后单击"关闭"按钮。

■ 2.5.2　磁盘管理

1.调整磁盘大小

（1）打开"磁盘管理"窗口，右击选中需要压缩的磁盘，在弹出的快捷菜单中单击"压缩卷"命令，在弹出的"压缩"对话框的"输入压缩空间量（MB）"文本框中填写要压缩的空间量，如要压缩50GB，则填写51200（50×1024），单击"压缩"按钮，如图2.51所示。

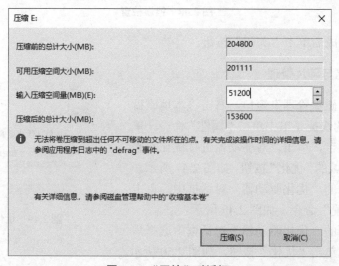

图 2.51　"压缩"对话框

（2）压缩完成后，"磁盘管理"窗口中会多出一个没有盘符的可用空间，如图2.52所示。

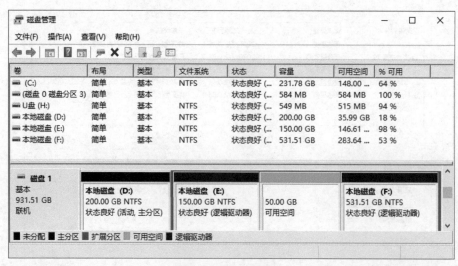

图 2.52　未分区磁盘

（3）右击需要扩展的磁盘，在弹出的菜单中单击"扩展卷"命令，单击"下一步"按钮，在弹出的"扩展卷向导"对话框的"选择空间量"文本框中填写要扩展的空间量，如图 2.53 所示，单击"下一步"按钮完成扩展。

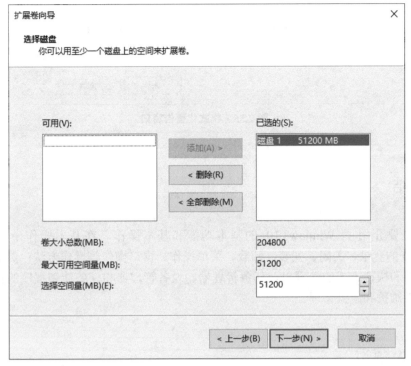

图 2.53　扩展磁盘

2. 格式化磁盘

（1）打开"磁盘管理"窗口，右击选中要格式化的磁盘分区，在弹出的快捷菜单中单击"格式化"命令。

（2）在弹出的"格式化"对话框中选择文件系统，如图 2.54 所示。

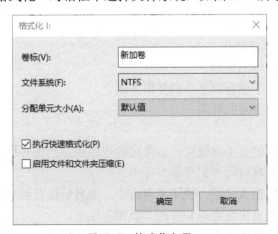

图 2.54　格式化向导

（3）单击"确定"按钮，在弹出的警告窗口中单击"确定"按钮，如图 2.55 所示，系统开始格式化。需要注意的是，格式化将会清除磁盘中的所有数据，要慎重。

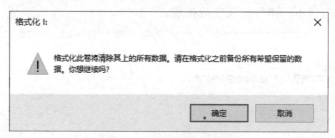

图 2.55　格式化警告窗口

2.6 小结

本章主要介绍了 Windows 10 的基本功能和基本操作。在基本操作中首先介绍了 Windows 10 的登录、关闭、安装、卸载、菜单操作、窗口操作等操作方法；然后介绍了文件、文件夹和快捷方式的管理以及任务管理器、设备管理器和任务计划程序的使用；最后介绍了磁盘维护和磁盘管理。

2.7 实验题目

■ 实验 2.1　Windows 10 基本操作的练习

实验目的：

1. 掌握 Windows 10 的基本操作。
2. 掌握任务栏的基本操作。
3. 掌握安装/卸载程序操作。
4. 熟悉"开始"菜单的使用。
5. 熟悉窗口操作，掌握窗口菜单的使用方法。
6. 熟悉用户及用户权限的管理。

实验要求：

1. 尝试改变任务栏的大小和位置，将常用的程序固定到任务栏。
2. 通过"开始"菜单启动"记事本"程序。
3. 在"记事本"中输入文字，使用菜单命令，命名后保存到"我的文档"。
4. 通过"开始"菜单快速查找并打开"画图"程序。
5. 调整桌面图标的排列方式，改为按"文件类型"排列。
6. 将已打开的窗口以并排显示方式显示。
7. 分别复制几段文字，将剪切板历史记录粘贴到记事本。

8. 通过快捷键进行截图、录屏、切换任务视图。

实验 2.2　Windows 10 **的文件管理**

实验目的：

1. 掌握 Windows 10 文件资源管理器的使用。
2. 掌握文件和文件夹的创建、复制、移动和删除。
3. 掌握快捷方式的创建。
4. 掌握文件和文件夹的属性设置。
5. 掌握文件和文件夹的搜索。

实验要求：

1. 启动 Windows 10 文件资源管理器，浏览 C 盘，以"详细信息"方式显示文件和文件夹，对文件和文件夹按"名称"排序。

2. 在 C 盘根目录下建立名为 Temp1 的文件夹。在 C 盘查找文件后缀名为.jpg 的文件。在搜索结果中选择 5 个连续的文件，并复制到 Temp1 文件夹。

3. 在 C:\Temp1 文件夹新建名为 Temp2 的文件夹，将 Temp1 文件夹中 3 个不连续的文件移动到 Temp2 文件夹。

4. 为 C:\Temp1 文件夹创建桌面快捷方式。

5. 将 Temp1 文件夹属性设为"隐藏"。

6. 删除 Temp1 文件夹。

实验 2.3　**操作系统管理**

实验目的：

1. 掌握 Windows 10 任务管理器的使用。
2. 掌握 Windows 10 设备管理器的使用。

实验要求：

1. 启动 Windows 10 任务管理器，查看计算机的 CPU、内存、外存和以太网等资源的使用情况。

2. 打开浏览器，并尝试通过"任务管理器"强制结束浏览器运行。

3. 启动 Windows 10 设备管理器，查看设备工作状态。

4. 尝试禁用、启用音频设备。

实验 2.4　**磁盘操作**

实验目的：

1. 掌握磁盘清理。
2. 掌握磁盘优化与碎片整理。
3. 掌握调整磁盘大小。

实验要求：

1. 打开"磁盘管理"，对 C 盘进行磁盘清理，删除"已下载的程序文件"和"Internet 临时文件"。

2. 对 C 盘进行磁盘优化与碎片整理。

3. 尝试将 D 盘压缩出 10GB 空间，然后恢复空间。

第3章 Word 2019文字处理软件

办公软件是人们生活、工作、学习中必备的工具软件，由美国微软公司开发的 Microsoft Office 2019 是常用的办公软件，能够较好地满足日常办公的需要。Word 2019 是 Microsoft Office 2019 的组件之一，具有强大的文字处理功能，可用于制作文件、表格、邮件和一些简单的版面设计，还可以在文档中插入图片、动画等多媒体对象，以制作图文并茂的文档。

3.1 Word 2019 简介

3.1.1 Word 2019 的主要功能

1. 文件管理功能

（1）可以同时打开多个文档进行浏览、编辑和打印等操作。

（2）可以快速打开最近打开过的文档。

（3）提供丰富的文件格式模板，使创建文档变得简单、快捷。

2. 文字编辑功能

（1）可以进行页面设置，包括页面大小、页边距、页眉、页脚和页码等。

（2）可以对文字格式和段落格式进行设置，包括文字的字体、大小、颜色、段落的段前间距、段后间距和行间距等。

（3）可以对字、词等进行查找和替换操作。

3. 表格处理功能

（1）可以插入指定行数、列数的表格或手工制作表格。

（2）可以增、减行或列，调整行高或列宽。

（3）可以对单元格进行编辑，如单元格的拆分与合并，设置边框和底纹，插入文字和图片等。

（4）可以对表格中的数据进行汇总计算或逻辑处理。

（5）可以进行文本与表格间的转换。

4. 图形处理功能

（1）可以插入图片、形状（各种图形）、图表等进行图文混排。

（2）提供绘图工具，用户可以根据需要自行绘图。

（3）可以插入文本框、艺术字、特殊符号等。

5. 其他功能

（1）制作 Web 页面功能。可以快捷而方便地制作 Web 页（通常称为网页），可以快速地打开、查找或浏览包括 Web 页和 Web 文档在内的各种文档。

（2）拼写和语法检查功能。发现拼写或语法错误，给出修改意见。

（3）剪切板的收集和粘贴功能。"Office 剪切板"可以从所有程序中收集对象，在需要的时候进行粘贴，剪切板可以保留 12 次复制或剪切的内容。

■ 3.1.2　Word 2019 的启动与退出

1. 启动 Word 2019 的 3 种方式

- 单击"开始"菜单，输入"Word"快速匹配 Word 2019 程序，启动 Word 2019 程序，如图 3.1 所示，首先看到的是 Word 2019 的启动画面，然后进入 Word 2019 窗口界面。
- 双击 Word 文档文件。
- 双击 Word 2019 的快捷方式。

2. 退出 Word 2019 的 3 种方式

- 单击"文件"选项卡，选择"关闭"命令。
- 单击 Word 2019 窗口右上角的 ⊠ 按钮。
- 按 Alt+F4 组合键。

退出 Word 2019 前，系统会自动检查文档是否有更新，如果是，则提示是否将更改保存到文档中；如果否，则退出程序。

■ 3.1.3　Word 2019 的窗口界面

Word 2019 的窗口界面如图 3.1 所示，主要构成如下。

1. 快速访问工具栏

快速访问工具栏可以帮助用户快速访问使用频繁的工具或操作，如保存、撤销、恢复、快速打印、打印预览、绘制表格等。默认情况下，快速访问工具栏位于标题栏左侧，包括"保存""撤销""恢复""自定义快速访问工具栏" 4 个命令按钮，用户可以根据需要自定义快速访问工具栏。

图 3.1　Word 2019 的窗口界面

2. 选项卡

窗口上方是选项卡栏，单击某个选项卡，切换到与之相对应的功能区面板。选项卡包括主选项卡和工具选项卡。主选项卡从左到右依次是"文件""开始""插入""设计""布局""引用""邮件"和"帮助"8 个选项卡。当选中文档中的文本框、图片、表格等元素时，选项卡中还会出现相应的工具选项卡。例如，选中表格后，选项卡栏会出现"表格工具"选项卡。

3. 功能区

单击选项卡，打开相对应的功能区面板。每个功能区又分为若干功能组。鼠标指向功能区的图标选项时，系统会自动提示其功能。单击功能组右下角的□按钮，可以打开相应的对话框或任务窗口，从中可进行与此功能组相关的更多操作。

4. 状态栏

Word 状态栏位于界面底部，用于显示当前文档的相关信息，如当前页码、文档页数、字数统计、语言、显示比例等。右击状态栏可以自定义状态栏显示的内容。

5. 任务窗格

根据用户的相关操作，Word 窗口文档编辑区的左侧或右侧会打开任务窗格，为用户提供所需要的常用工具或信息，帮助用户完成相应操作。常用的任务窗格包括导航、审阅、样式、邮件合并等。

6. 文档视图方式

Word 2019 提供页面、阅读、Web 版式、大纲和草稿 5 种视图方式。其中，页面视图显示整个页面的分布状况，显示的页面与打印效果一样，适用于排版；阅读视图模拟书本阅读的方式，适用于阅读文档；Web 版式视图显示文档在 Web 浏览器中的外观，适用于网络发布；大纲视图显示文档的框架，适用于查看文档的结构；草稿视图用于快速录入文档信息，适用于录入和编辑。

3.2 Word 2019 的基本操作

■ 3.2.1　新建文档

1. 启动 Word 2019 时自动新建文档

启动 Word 2019 时，系统会自动创建一个名为"文档 1"的新文档。随后再新建文档时，默认文件名为"文档 2""文档 3"等。用户保存文档时可以对文档进行重命名。

2. 使用"文件"选项卡新建文档

在 Word 2019 窗口下，打开"文件"选项卡，单击"新建"选项，"新建"选项中提供"空白文档"和"书法字帖"两种类型，用户还可以根据需要搜索联机模板，如图 3.2 所示。

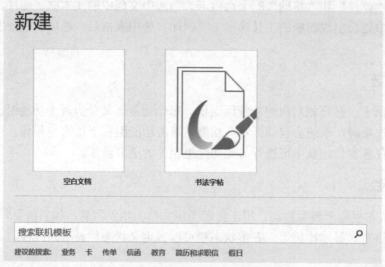

图 3.2　使用"文件"选项卡新建文档

3. 使用快捷菜单新建文档

右击桌面，在弹出的快捷菜单中单击"新建"→"Microsoft Word 文档"命令，如图 3.3 所示。此时，桌面上新建一个文件名为"新建 Microsoft Word 文档"的 Word 文档。

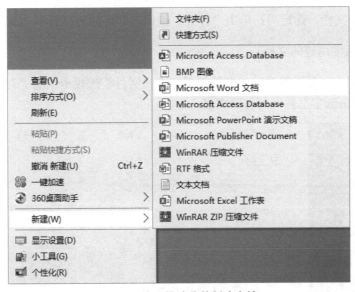

图 3.3　使用快捷菜单新建文档

■ 3.2.2　打开文档

1. 打开 Word 文档

打开 Word 文档有以下两种方法。

- 在"资源管理器"窗口或"文件夹"窗口中找到需要打开的 Word 文档，双击该文档图标，即可启动 Word 程序打开文档。
- 在 Word 2019 窗口下，打开"文件"选项卡，执行"打开"→"浏览"命令，在"打开"对话框中双击该文档图标或选中文档图标单击"打开"按钮，即可打开文档，如图 3.4 所示。

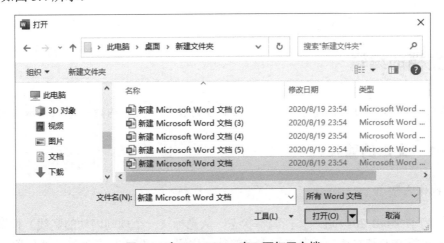

图 3.4　在 Word 2019 窗口下打开文档

如果要同时打开多个文档，单击文件列表中的首个文档，按住 Shift 键不放，再单击最后一个文档，即可选中连续的多个文档；按住 Ctrl 键，逐个单击需要打开的文档，即可选

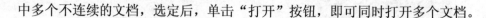

中多个不连续的文档，选定后，单击"打开"按钮，即可同时打开多个文档。

2. 打开最近使用过的文档

Word 2019 中，最近编辑过的文档被保留在"文件"选项卡中的"开始"选项下，如图 3.5 所示，单击选定文件即可打开文档。

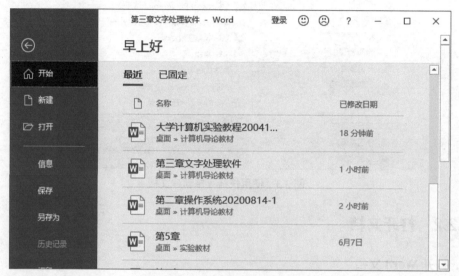

图 3.5 打开最近使用过的文档

3. 打开非 Word 类型的文档

在 Word 2019 中打开非 Word 类型的文档，如文本文件（扩展名为.txt），不能采取双击的方法打开文档。单击"文件"选项卡中的"打开"→"浏览"命令，如图 3.4 所示，在"所有 Word 文档"下拉框中选择相应的文件类型，再选中需要打开的文档，单击"打开"按钮。

3.3 文档的编辑

编辑文档是文字处理的基本操作，其操作实际上就是文档内容的输入和修改的过程。

3.3.1 文本的输入

1. 操作方法

（1）启动 Word 2019 进入文档编辑状态，从光标（一个规则闪动的竖线）位置开始输入文本，光标从左到右移动，单击文本中的某一位置，可以重新定位光标的位置。

（2）输入文本到达行尾时，Word 2019 会自动换行，不需要按回车键。当结束一个段落时，可以按回车键开始一个新的段落。如果在一个段落内强制换行，可以使用 Shift+Enter

组合键。

2. 输入文本

（1）输入字符。

Word 2019 中字符的输入主要是英文和中文的输入，输入不同语言的字符，需要选用不同的输入法，中文输入法仅在小写字母状态下，即键盘大写字母指示灯未亮的情况下才能输入中文。

（2）输入标点符号。

中文标点：需要在中文输入状态下输入。

全角和半角：英文的标点有全角和半角的区分，全角字符占两个半角字符的位置。

特殊符号：如果需要输入一些特殊符号，单击"插入"选项卡"符号"功能组中的"符号"选项，打开"符号"对话框，例如，插入特殊符号"①"，在"子集"下拉框中选择"带括号的字母数字"，然后在列表中选定符号"①"，单击"插入"按钮，如图 3.6 所示。

图 3.6 插入特殊符号

■ 3.3.2 文档的编辑

1. 选定文本

在对文档或文本编辑或排版之前，首先要选定待处理的文本。被选定的文本颜色将有明显变化，如图 3.7 所示。

选定文本有以下几种方法。

- 将光标移到待选定文本的第一个字符前，按住鼠标左键不放并拖动到最后一个字符，松开鼠标，所选文本区域以反白方式显示，如图 3.7 所示。

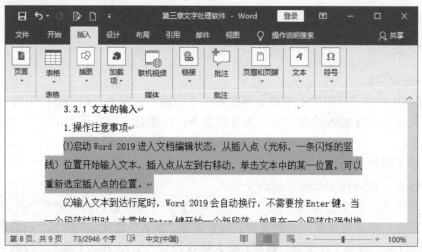

图 3.7　选定文本

- 将光标移到待选定文本的第一个字符前，按住 Shift 键并单击待选文本的末端，即可选中两点之间的文本。
- 按住 Alt 键不放，用鼠标拖动矩形区域，则鼠标拖过的矩形区域被选中。
- 按住 Ctrl 键不放，单击一个句子的任何位置即可选中该句子。
- 将鼠标移到所选行左侧区域，指针变成箭头后单击即可选中一行。
- 将鼠标移到所选段左侧区域，指针变成箭头后双击即可选中一段。在待选段落单击 3 次也可以选中该段。

选中文本后，单击鼠标或按光标移动键（↑、↓、←、→）取消选择。按住 Shift 键同时按光标移动键，则选中文本的范围会随光标的移动而变化。

2. 文本的复制和移动

文本的复制是指将选定文本的备份插入到新位置，移动是指将文本从原来的位置删除并插入到目标位置。文本的复制和移动操作可以通过剪切板来实现。

剪切板是暂存信息的空间，可以实现不同文件之间的信息交换。剪切板上的信息可以供其他文件粘贴。

（1）剪切。剪切是指将信息放入剪切板，同时删除原信息。其操作方法有以下 3 种。

- 选定文本后，单击"开始"选项卡"剪切板"功能组中的"剪切"命令，如图 3.8 所示。
- 选定文本后，右击，在弹出的快捷菜单中单击"剪切"命令。
- 选定文本后，按 Ctrl+X 组合键。

（2）复制。复制是指将信息放入剪切板，同时保留原信息。其操作方法有以下 3 种。

- 选定文本后，打开"开始"选项卡，单击"剪切板"功能组中的"复制"选项。

图 3.8　剪切

- 选定文本后，右击，执行快捷菜单中的"复制"命令。
- 选定文本后，按 Ctrl+C 组合键。

（3）粘贴。粘贴是指将剪切板中的信息放在光标处，其操作方法有以下3种。

- 将光标定位到插入点，单击"开始"选项卡"剪切板"功能组中的"粘贴"命令。
- 将光标定位到插入点，右击，在弹出的快捷菜单中单击"粘贴"命令。
- 将光标定位到插入点，按 Ctrl+V 组合键。

粘贴是 Word 中最常用的功能之一，除常用的基本粘贴（使用 Ctrl+V 组合键，或单击"剪切板"功能组中的"粘贴"按钮）外，Word 还可通过"粘贴选项"对复制来的内容进行格式控制。

"粘贴选项"包含保留源格式、合并格式和只保留文本三项基本功能，以及带格式文本（RTF）、无格式文本、图片（增强型图元文件）、HTML 格式和无格式的 Unicode 文本等选择性粘贴选项。

- 保留源格式：指将粘贴后的文本保留其原来的格式，不受目标位置格式的控制。
- 合并格式：指复制的内容粘贴到目标位置后，格式合并为目标位置的格式，但不会完全丢弃原有格式。
- 只保留文本：指被粘贴内容清除原来的格式，并采用目标位置的格式。

3. 文本的删除

如果删除少量的字符，可以将光标放在要删除的字符后，按 Backspace 键删除光标之前的字符；或将光标放在要删除的字符前，按 Delete 键删除光标之后的字符。

如果要删除的文本内容较多，则需要先选中待删除的文本，然后按 Delete 键删除。

4. 撤销和恢复

（1）撤销。如果不小心对文档进行了误操作，如误删除字符，则需要通过"撤销"命令还原。其操作方法有以下两种。

- 单击快速访问工具栏上的 ↺ 按钮。
- 按 Ctrl+Z 组合键。

（2）恢复。"恢复"命令是"撤销"命令的逆操作，是恢复撤销的操作。其操作方法有以下两种。

- 单击快速访问工具栏上的"恢复"按钮。
- 按 Ctrl+Y 组合键。

■ 3.3.3　文本的查找和替换

查找文本是用于在文档中查找指定内容，查找的内容可以是一般字符，也可以是特殊字符，如制表符、段落标记、空格等。

查找文本的操作步骤是先将光标定位到文本中，然后按照以下步骤操作。

（1）打开"开始"选项卡，单击"编辑"功能组中的"替换"选项，打开"查找和替换"对话框，单击"查找"选项卡，如图 3.9 所示。

（2）在"查找内容"文本框中输入要查找的文本，或单击文本框右侧的下拉按钮，在下拉框中选择以前查找过的文本。

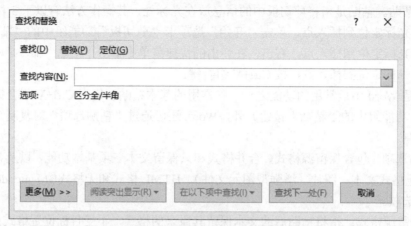

图 3.9 "查找和替换"对话框

（3）单击"查找下一处"按钮开始查找，单击此按钮可以反复查找。

（4）单击"取消"按钮，结束查找。

如果要查找特殊的格式或符号，单击"查找和替换"对话框中的"更多"按钮，出现如图 3.10 所示的"搜索选项"窗格。

图 3.10 "搜索选项"窗格

其中"搜索"下拉框用于指定搜索的范围和方向,其选项含义如下。

- "全部",查找范围是整篇文档。
- "向上",查找范围是从光标位置到文档的开头。
- "向下",查找范围是从光标位置到文档的结尾。

"搜索选项"窗格中常用的复选框含义如下。

- "区分大小写",只有字符串大小写完全匹配才能被找到。
- "全字匹配",只有字符串完全匹配才能被找到。
- "使用通配符",可以使用通配符查找文本。常用的通配符有"?"和"*","?"代表任意一个字符,"*"代表任意多个字符。
- "区分全角/半角",字符串所有字符要区分全角或半角。
- "忽略空格",查找或替换时,忽略字符间的空格。

3.4　文档的排版

Word 2019 提供了强大的文档排版功能,可以美化文档。文档的排版主要包括字符格式设置、段落格式设置和页面设置。

3.4.1　字符格式设置

1. 字符格式设置

字符格式包括字体、字号、字形、颜色、着重号等内容,其设置步骤如下。

(1)选择需要设置格式的文本区域。

(2)单击"开始"选项卡,在"字体"功能组里进行设置;或右击选定的文本,在弹出的快捷菜单中选择"字体"命令,"字体"对话框如图 3.11 所示。

(3)单击"字体"选项卡,对"字体""字形""字号""字体颜色""着重号""效果"等进行设置。

(4)设置完成后,单击"确定"按钮。

2. 字符间距设置

打开如图 3.11 所示"字体"对话框,单击"高级"选项卡进行字符间距设置,如图 3.12 所示。

(1)"缩放"下拉框用于按字符当前字号的百分比横向扩展或压缩文字。

(2)"间距"下拉框用于加大或缩小字符间的距离,可以在其右侧的"磅值"文本框里输入数值指定间距。

(3)"位置"下拉框用于提高或降低字符相对于基准点的位置,可以在其右侧的"磅值"文本框里输入数值指定位置。

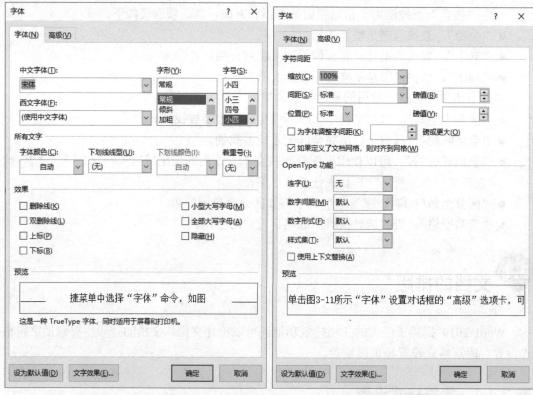

图 3.11 "字体"对话框   图 3.12 "高级"选项卡

3. 复制字符格式

如果文本与已设置好字符格式的文本格式相同，可以使用"格式刷"来复制字符格式，其操作方法如下。

（1）选定源文本（带格式的文本）。

（2）打开"开始"选项卡，单击"剪切板"功能组中的"格式刷"命令。

（3）选中目标文本（需设置格式的文本），即可完成复制字符格式。

如果需要设置多处目标文本的格式，可以在选定源文本后双击"格式刷"按钮，然后拖动鼠标在各目标文本上移动。完成复制后，单击"格式刷"按钮或按 Esc 键取消"格式刷"命令。

■ 3.4.2 段落格式设置

段落是文本的基本单元，由字符、图片和图形构成，每个段落的最后都有一个 ↵ 标记，称为段落标记，表示一个段落的结束。段落格式包括段落缩进、段落对齐、段前段后间距、段内间距、换行、分页等。

1. 段落缩进

段落缩进是指段落的左边界或右边界向页面中心移动，有首行缩进、悬挂缩进、左缩进和右缩进 4 种。首行缩进控制段落第一行第一个字符的位置；悬挂缩进控制段落中除第一行外其他各行的缩进距离；左缩进控制整个段落距左边界的距离；右缩进控制整个段落距右边界的距离。其设置方法如下。

（1）首行缩进。

① 选定需要缩进的段落，或将光标放置到段落首行的最左侧。

② 单击"开始"选项卡"段落"功能组右下角的 按钮；或选定段落，右击，在弹出的快捷菜单中单击"段落"命令，打开"段落"对话框，如图 3.13 所示。

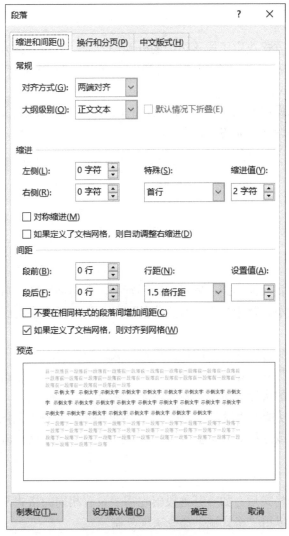

图 3.13　"段落"对话框

③ 在"缩进"功能区的"特殊"下拉框中选择"首行"，在"缩进值"文本框中设置缩进值。

（2）悬挂缩进。

悬挂缩进常用于项目符号和编号列表，悬挂缩进是相对于首行缩进而言的。其设置方法为：打开"段落"对话框，在"缩进"功能区的"特殊"下拉框中选择"悬挂"，在"缩进值"文本框中设置缩进值。

（3）左缩进。

其设置方法为：打开"段落"对话框，在"缩进"功能区的"左侧"文本框中设置缩进值。

（4）右缩进。

其设置方法为：打开"段落"对话框，在"缩进"功能区的"右侧"的文本框中设置缩进值。

2. 段落对齐

段落的水平对齐方式决定了段落边缘的外观和方向，垂直对齐方式决定了段落相对于上下页边距的位置。Word 2019 提供"左对齐""右对齐""居中对齐""两端对齐"和"分散对齐" 5 种对齐方式。

设置段落对齐的操作方法为：选中待设置的段落，打开"开始"选项卡，单击"段落"功能组中相关的对齐选项，如图 3.14 所示。

图 3.14 "段落"功能组

3. 设置段落间距

段落间距主要是指段前间距、段后间距和行距。段前间距和段后间距决定了段落前、段落后空白区域的大小。行距是指一行文字的底部到下一行文字的底部的间距。其设置方法如下。

（1）将光标移动到待设置段落的任意位置，或选中该段落。

（2）单击"段落"功能组展开按钮，打开"段落"对话框，单击"缩进和间距"选项卡。或右击，在弹出的快捷菜单中单击"段落"命令。

（3）在"间距"功能区"段前""段后"文本框中选择或输入间距值，在"行距"下拉框中选择行距倍值，或选择"固定值"，在"设置值"文本框中输入间距值。

4. 复制段落格式

当设置某段落的格式后，如有其他段落也需要设置相同的格式，则可以将设置好的段落格式进行复制，可以用"格式刷"命令实现复制。

需要强调的是，段落标记包含段落格式的全部设置。因此，仅复制段落格式（不复制字符格式）时，只需要复制段落末尾的段落标记即可。

■ 3.4.3 页面设置

页面设置主要包括"文字方向""页边距""纸张方向""纸张大小""栏"等内容。其设置方法是：单击"布局"选项卡，在"页面设置"功能组中进行相关设置，如图3.15所示。

图3.15　"页面设置"功能组

1. 设置纸张大小

在设置文档格式时，需要考虑用多大纸张输出文档，因此需要对纸张大小进行设置，其设置方法如下。

（1）打开"布局"选项卡，单击"页面设置"功能组中的"纸张大小"选项。

（2）在"纸张大小"下拉列表中选择所需要的纸张尺寸，列表中若无所需要的尺寸，可以选择"其他纸张大小"进行自定义设置。

（3）在"纸张大小"下拉列表中选择"自定义"，然后输入"宽度"和"高度"数值。单击"确定"按钮。

（4）在"应用于"下拉列表中设置应用范围，包括"整篇文档"和"插入点之后"，单击"确定"按钮。

2. 设置页边距

（1）打开"布局"选项卡，单击"页面设置"功能组中的"页边距"选项。

（2）在"页边距"下拉列表中选择所需要的页边距设置，列表中若无所需要的页边距设置，可以选择"自定义页边距"进行自定义设置。

（3）在"页边距"功能区域的"上""下""左""右"文本框中分别选择或输入页边距数值，单击"纵向"或"横向"按钮选择纸张方向。

（4）在"应用于"下拉列表中设置应用范围，包括"整篇文档"和"插入点之后"，单击"确定"按钮。

3. "布局"设置

单击"页面设置"功能组右下角的 按钮，打开"页面设置"对话框，单击"布局"选项卡。

（1）在"节"功能区域的"节起点位置"下拉框中选择节的设置。

（2）在"页眉和页脚"功能区域可以设置页眉和页脚的方式为"奇偶页不同"和"首页不同"；在"页眉"文本框中选择或输入"页眉"距纸张顶部边界的数值，在"页脚"文本框中选择或输入"页脚"距纸张底部边界的数值。

（3）在"页面功能区域"的"垂直对齐方式"下拉框中选择文本在页面上的垂直对齐方式，包括"顶端对齐""居中""两端对齐""底端对齐"。

（4）在"应用于"下拉框中设置应用范围，包括"整篇文档"和"插入点之后"，单击"确定"按钮。

（5）单击"行号"按钮可以为文档添加行号。

（6）单击"边框"按钮可以设置页面的边框和底纹。

4. 设置页眉和页脚

页眉和页脚是文档中每个页面页边距的顶部和底部区域，可以在页眉和页脚中插入文本或图形，如页码、日期、logo、文件名或作者名等，这些信息通常打印在文档每页的顶部或底部。设置页眉和页脚的操作方法是，单击"插入"选项卡，在"页眉和页脚"功能组进行设置，如图 3.16 所示。

图 3.16 "页眉和页脚"功能组

3.5 表格处理

在进行文字编辑时，有时需要插入表格并对表格进行处理，如成绩单、财务报表等。这里所说的表格就是二维表，由若干行和若干列组成，表格中交叉的行与列形成的框格称为单元格，表格由一行或多行单元格组成，可以在单元格中添加文字或图形，并对其进行设置，还可以对表格中的数字进行排序和计算。Word 2019 提供创建表格、编辑表格、表格与文本的转换、表格格式设置和表格计算等表格处理功能。

■ 3.5.1 创建表格

1. 快捷创建表格

通过拖动鼠标快速创建表格，其操作方法如下。

（1）将光标定位到需要插入表格的位置。

（2）单击"插入"选项卡"表格"功能组中"表格"选项，出现如图 3.17 所示的下拉菜单。

图 3.17 "插入表格"下拉菜单

（3）在单元格区域拖动鼠标，选取所需的行数和列数。

（4）单击鼠标，即可插入表格。

2. 插入表格

（1）将光标定位到需要插入表格的位置。

（2）单击"插入"选项卡"表格"功能组中"表格"命令。

（3）单击"插入表格"命令，弹出"插入表格"对话框，如图3.18所示。

图3.18　"插入表格"对话框

（4）在"列数"和"行数"文本框中分别输入行数和列数、单击"确定"按钮，即可插入表格。

3. 绘制表格

（1）单击"插入"选项卡"表格"功能组中"表格"按钮。

（2）在弹出的对话框中单击"绘制表格"选项，此时鼠标指针变成铅笔形状。

（3）拖动鼠标左键先绘制一个矩形作为表格的外围边框，再绘制行和列。

（4）如果需要清除某些线，可以单击"橡皮擦"选项，鼠标指针变成橡皮形状后，拖动鼠标到要清除的线即可，清除完毕后再次单击"橡皮擦"选项退出擦除状态。

■ 3.5.2　编辑表格

在Word 2019中，可以方便地对已创建的表格进行编辑，包括调整表格和编辑单元格。在对表格进行编辑之前，必须先选定表格或单元格，再进行操作。

1. 选定表格

选定包括选中单元格、行、列或整个表格。

（1）选中单元格。鼠标指向单元格的左边框，鼠标指针变成向右的黑色箭头，单击即可选中该单元格。

（2）选中行。鼠标指向待选行中某一单元格的左边框，双击即可选中该行，或单击待选行的左侧也可以选中该行。

（3）选中列。鼠标指向待选列的顶端，鼠标指针变成向下的黑色箭头，单击即可选中该列。

（4）选中多个单元格、多行、多列。用鼠标拖过该单元格、行或列即可选中。如果需要选中不连续的多个项目，则单击所需的第一个单元格、行或列，按住 Ctrl 键，再单击下一个单元格、行或列，即可选中不连续的多个项目。

（5）选中整张表格。单击表格左上角的移动控制点 ⊞，或用鼠标拖过整个表格。

2. 插入单元格、行和列

插入单元格、行和列的操作的方法：右击，在弹出的快捷菜单中单击"插入"命令，再根据需要选择相应的命令完成插入。

1）插入单元格

选定相应数量的单元格，右击，在弹出的快捷菜单中单击"插入"→"插入单元格"命令，弹出"插入单元格"对话框，如图 3.19 所示。

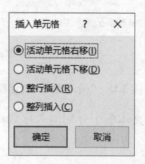

图 3.19 "插入单元格"对话框

（1）活动单元格右移。在选中的单元格左侧插入相同数量的单元格。

（2）活动单元格下移。在选中的单元格上方插入相同数量的单元格。

（3）整行插入。在选中的单元格上方插入与选定单元格占用行数相同的行。

（4）整列插入。在选中的单元格左侧插入与选定单元格占用列数相同的列。

2）插入行和列

插入行和列的方法有以下几种。

（1）通过"插入单元格"对话框实现插入行和列的操作。

（2）将光标定位到需要插入行或列的位置，右击，在弹出的快捷菜单中单击"插入"命令，根据需要选择相应的命令。

（3）使用"绘制表格"工具在所需要的位置绘制行或列。

（4）单击最后一行的最后一个单元格，按 Tab 键，即可在表格末尾快速添加一行。

3. 删除单元格、行和列

删除单元格、行和列的方法：右击，在弹出的快捷菜单中单击"删除单元格"命令，根据需要选择相应的命令。

1）删除单元格

选定要删除的单元格，右击，在弹出的快捷菜单中单击"删除单元格"命令，打开如图 3.20 所示的对话框。

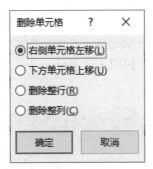

图 3.20　"删除单元格"对话框

"删除单元格"对话框中有 4 个单选按钮。

（1）右侧单元格左移。删除选定的单元格，右侧同行中的所有单元格左移。

（2）下方单元格上移。删除选定的单元格，其下方单元格上移，但表格行数不变。单元格上移后，行末出现相同数量的单元格。

（3）删除整行。删除选中单元格所在的行。

（4）删除整列。删除选中单元格所在的列。

2）删除行和列

删除行和列的方法如下。

（1）通过"删除单元格"对话框删除行和列。

（2）选中要删除的行或列，右击，在弹出的快捷菜单中单击"删除整行"或"删除整列"命令。

3）删除整个表格

删除整个表格的方法如下。

（1）选中整个表格，右击，在弹出的快捷菜单中单击"删除表格"命令。

（2）选中整个表格，按 Backspace 键。

4. 调整表格尺寸

1）调整整个表格尺寸

将光标定位到表格的任意一个单元格，待表格右下角出现尺寸控制点□，将鼠标停留在尺寸控制点，待出现双向箭头↖，拖动表格的边框至需要的尺寸。

2）调整行高和列宽

通过拖动鼠标或"表格属性"对话框调整行高和列宽。

（1）通过拖动鼠标调整行高和列宽。

将指针停留在要更改其高度的行的边框上，待鼠标指针变为调整大小的指针，单击并上下拖动鼠标，至所需的行高尺寸，此操作不改变相邻行的行高。

将指针停留在要更改其宽度的列的边框上，待鼠标指针变为调整大小的指针，单击并左右拖动鼠标至所需要的列宽尺寸，此操作会改变相邻列的列宽。按住 Shift 键的同时拖动边框，则不会改变相邻列的列宽。

（2）通过"表格属性"对话框调整行高和列宽。

拖动鼠标不能精确的调整行高和列宽。通过"表格属性"对话框，设置行高和列宽为指定的值。

将光标定位到表格的任意一个单元格，右击，在弹出的快捷菜单中单击"表格属性"命令，弹出"表格属性"对话框，如图 3.21 所示。

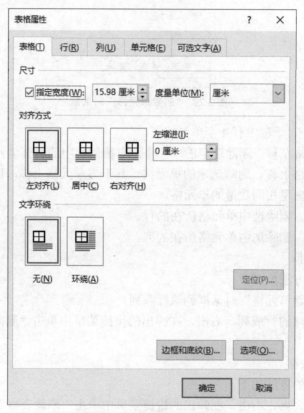

图 3.21 "表格属性"对话框

在"表格"选项卡中勾选"指定宽度"复选框，在右侧文本框中输入或选择表格的宽度。在"对齐方式"功能区选择表格在页面上的对齐方式。在"文字环绕"功能区选择表格和文字的环绕方式。

在"行"选项卡（如图 3.22 所示）中勾选"指定高度"复选框，在右侧文本框中输入或选择光标所在行的行高，单击"上一行""下一行"按钮分别对各行进行设定。

在"列"选项卡（如图 3.23 所示）中勾选"指定宽度"复选框，在右侧文本框中输入或选择光标所在列的列宽，单击"前一列""后一列"按钮分别对各列进行设定。

图 3.22 "行"选项卡

图 3.23 "列"选项卡

在"单元格"选项卡中设置"单元格"的宽度、文本在单元格中的对齐方式。

> ⚠️ 注意: 设置行高时，行高值有"固定值"和"最小值"，如果选择"固定值"则行高不会因字的大小或内容的多少发生变化；如果选择"最小值"则行高不小于此值，可随字号的变大或内容的增加而自动加大。

5. 单元格的拆分与合并

拆分单元格是指把一个单元格分为多个单元格；合并单元格是指把多个单元格合并为一个单元格。

1）单元格的拆分

（1）选定要拆分的单元格。

（2）单击"布局"选项卡，如图 3.24 所示，单击"合并"功能组中的"拆分单元格"命令；或右击，在弹出的快捷菜单中单击"拆分单元格"命令。

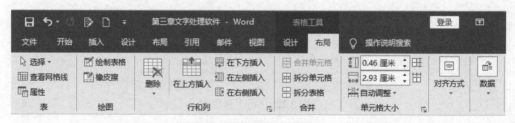

图 3.24　拆分单元格

（3）在"行数"和"列数"文本框中输入行数、列数。

（4）单击"确定"按钮。

2）单元格的合并

（1）选中要"合并"的单元格。

（2）单击"布局"选项卡"合并"功能组中的"合并单元格"命令；或右击，在弹出的快捷菜单中单击"合并单元格"命令。

（3）单击"确定"按钮。

6. 绘制斜线表头

有些表格中需要绘制斜线表头，操作方法如下。

（1）将光标定位在需要绘制斜线的单元格内。

（2）单击"设计"选项卡"边框"功能组中的"边框"按钮。

（3）在下拉列表中选择"斜下框线"或"斜上框线"，如图 3.25 所示。

图 3.25　斜下框线

3.5.3 表格与文本的转换

1. 文本转换表格

文本转换成表格时，需要在文本中设置正确的分隔符标记新列开始的位置，以便转换时将文本依次放在不同的单元格中，可以使用逗号、制表符或其他分隔符，转换方法如下。

（1）选定需要转换的文字。

（2）单击"插入"选项卡"表格"功能组中"表格"选项。

（3）在下拉菜单中选择"文本转换成表格"，如图 3.26 所示。

图 3.26　文本转换表格

（4）根据所选的内容，系统自动指定行数和列数，用户也可以指定行数和列数。

（5）在"文本分隔位置"选项组中选择分隔符号。

（6）单击"确定"按钮。

例如下列文本：

学号	姓名	性别	所在班级	入学时间
001	李明	男	20 计科 1	2020.09
002	王玉	女	20 计科 1	2020.09
003	刘刚	男	20 计科 1	2020.09

转换的表格如表 3.1 所示。

表 3.1　文本转换表格示例

学　号	姓　名	性　别	所在班级	入学时间
001	李明	男	20 计科 1	2020.09
002	王玉	女	20 计科 1	2020.09
003	刘刚	男	20 计科 1	2020.09

2. 表格转换为文本

（1）选择要转换为文本的表格。

（2）单击"布局"选项卡"数据"功能组中"转化为文本"命令。

（3）在"文字分隔符"对话框中，选择所需要的分隔符，作为代替列边框的分隔符。

（4）单击"确定"按钮。

3.6 图形处理

编辑文档时，可以插入图片、艺术字、公式等，使文档图文并茂。Word 2019 提供图形处理和图文混排功能。

■ 3.6.1 插入图片

图 3.27 图片来源选择

1. 导入图片

Word 可以从文件和联机图片库中导入图片，其操作步骤如下。

（1）将光标放在文档中需要插入图片的位置。

（2）单击"插入"选项卡"插图"功能组中的"图片"选项，打开如图 3.27 所示的下拉菜单，单击"此设备"命令。

（3）在"插入图片"对话框中查找图片所在的文件夹，则其列表框中列出该文件夹所包含的所有图片，如图 3.28 所示。

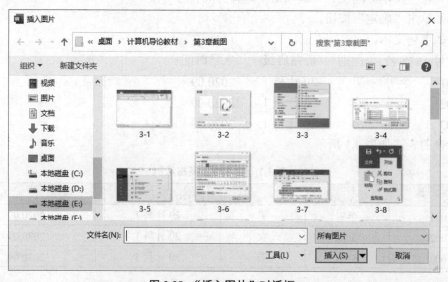

图 3.28 "插入图片"对话框

（4）选中所需要的图片，单击"插入"按钮即可将选中的图片导入。

2. 编辑图片

可以对导入的图片进行编辑，以增强其美观效果。对图片的编辑主要通过"图片工具"完成，选中图片后单击"格式"选项卡进行图片设置，其主要功能和使用方法如下。

（1）"颜色"。用于控制图片的色彩，单击"颜色"按钮打开菜单，从中可以选择"颜色饱和度""色调""重新着色"等。

（2）"校正"。用于控制图片的锐化/柔化、亮度/对比度，单击"校正"按钮后可以在"校正"对话框中分别对其进行设置。

（3）"图片样式"。用于设置图片的样式，用户可以在列表中选择所需要的样式。

（4）"环绕文字"。用于设置文字与图片的相对位置，单击"环绕文字"按钮，在下拉列表中选择所需要的环绕方式。

（5）"裁剪"。用于裁剪图片，单击"裁剪"按钮，图片四周出现裁剪边框，拖动裁剪边框可以进行裁剪。

（6）"大小"。高度、宽度用于指定图片的大小，在右侧的列表框中输入或选择高度、宽度数值。

■ 3.6.2　插入艺术字

编辑文档时，有时需要一些特殊的字形，即插入艺术字，其操作步骤如下。

（1）将光标放在文档中需要插入艺术字的位置。

（2）单击"插入"选项卡"插图"功能组中"艺术字"选项，打开如图 3.29 所示下拉菜单。

（3）在下拉菜单中选择一种"艺术字"样式，打开如图 3.30 所示的"编辑艺术字文字"文本框。

图 3.29　插入"艺术字"

图 3.30　"编辑艺术字文字"文本框

（4）在文本框中输入文字，并对"字体""字号""颜色"等进行设置。

> ⚠ 注意：插入的艺术字属于图片，对图片的所有操作均适用于艺术字。

■ 3.6.3　插入公式

公式是论文、书籍、讲稿中常见的内容，公式编辑器是 Word 为编辑公式提供的应用程序，利用它可以在文档中输入公式，其操作步骤如下。

（1）将光标定位在文档中需要插入公式的位置。

（2）单击"插入"选项卡"符号"功能组中"公式"选项，打开如图 3.31 所示下拉菜单。

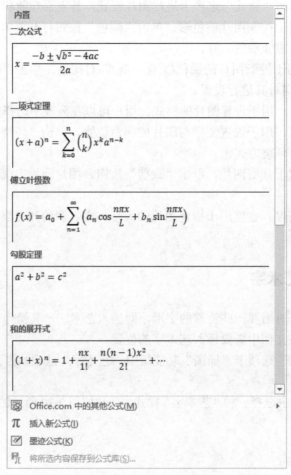

图 3.31 "公式"下拉菜单

（3）在下拉列表中选择常用公式。

（4）若常用公式中无所需要的公式，则单击"插入新公式"命令，根据需要编辑公式。

3.7 邮件合并

在日常工作和生活中，经常要处理一些相似的任务，如学校制作大量的录取通知书，公司给大量的客户寄送相似的邀请函等。这些任务的特点是发送或制作的量较大，且大部分内容相同，如果逐一手工完成，大多是重复性的工作，既耗费时间又枯燥。Word 的邮件合并功能可以有效解决这个问题。

■ 3.7.1　邮件合并的准备工作

1. 文字准备

新建 Word 文档，录入文字内容并进行字体、段落等格式设置，作为邮件合并的基础文字，如图 3.32 所示。

录 取 通 知 书

同学：

  你已被我校学院专业录取，请持本通知书于 2021 年 9 月 1 日至 2021 年 9 月 3 日到我校报道。

2021 年 7 月 1 日

图 3.32　录取通知书示例

2. 数据准备

将收件人信息在 Excel 中制作成一份电子表格，如表 3.2 所示。

表 3.2　收件人信息示例

姓　名	学　院　名	专　业　名
王明	教育学院	教育技术
李刚	新闻传播学院	新闻类
王红	文学院	文学类
李亮	生命科学学院	生科类
张辉	物理科学与技术学院	物理类

■ 3.7.2　开始邮件合并

（1）单击"邮件"选项卡"开始邮件合并"功能组中的"开始邮件合并"选项，选择下拉菜单中"邮件合并分步向导"命令，打开"邮件合并"任务窗格，如图 3.33 所示。

（2）选中"信函"，单击"下一步：开始文档"按钮。

（3）选中"使用当前文档"，单击"下一步：选择收件人"按钮。

（4）选中"使用现有列表"，单击"浏览"，找到并打开"邮件合并数据源"。单击"下一步：撰写信函"按钮。

（5）依次将光标定位于要自动填写数据的位置，单击"其他项目"命令，打开"插入合并域"对话框，插入其中的项目，例如在"同学："文字前，插入"姓名"；在"学院"文字前，插入"学院名"；在"专业"文字前，插入"专业名"，如图 3.34 所示。

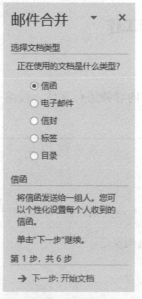

图 3.33　邮件合并

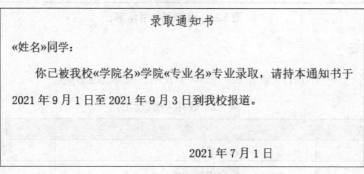

图 3.34　插入合并域

（6）单击"下一步：预览信函"，使用"<<"和">>"按钮逐条浏览合并效果。

（7）单击"下一步：完成合并"，完成邮件合并的数据准备。

■ 3.7.3　生成结果文档

单击"邮件"选项卡"完成"功能区中的"完成并合并"选项，选择"编辑单个文档"命令，将全部记录合并到新文档，保存文件。

小结

本章在介绍 Word 2019 的功能和窗口构成的基础上，重点介绍了文档、表格、图形的处理以及邮件合并。在文档处理中介绍了创建文档、编辑文档和文档排版等内容。在表格处理中介绍了表格的创建、编辑以及与文本的相互转换。在图形处理中介绍了插入图片、插入艺术字和公式操作。在邮件合并中，介绍了邮件合并的准备工作和操作步骤。

3.9 实验题目

■ 实验 3.1   文档的基本编辑和排版

实验目的：

1. 掌握文档的输入与编辑。
2. 掌握文字符格式设置。
3. 掌握段落格式设置。
4. 掌握页面设置。
5. 掌握文本的查找和替换

实验要求：

输入如图 3.35 所示文本。

中国计算机领域著名科学家

金怡濂：不辞夕阳显"神威"

20 世纪 90 年代，正是世界超级计算机快速发展的时期，西方国家以千亿次为单位提升巨型机运算速度，但却对中国实行"禁运"政策，试图封闭巨型机研制技术。

超级计算机有着超越普通计算机的大容量和高速度，在诸多高科技领域发挥着重要作用，是一国科技发展水平的重要标志。我国决定加紧进行巨型机的自主研制进度，但在研制方案论证会上，专家金怡濂语惊四座："我们完全有能力造一台千亿次巨型机！而且必须跨越，否则就被世界越甩越远。"

最终金怡濂的建议得到了采纳，他被任命为"神威"机研制的总设计师，在已过花甲之年重掌帅旗，亲自上阵，参与巨型机研制的一线工作。

在金怡濂的带领下，"神威"高性能计算机系列研制成功，使中国巨型机峰值运算速度从每秒十亿次跨越到每秒三千亿次以上。

图 3.35   示例文本

操作说明如下：

1. 文章标题设为仿宋、四号字、加粗，居中、1.5 倍行距、段前段后均为 0.5 行。
2. 正文字体设为仿宋、小四号，首行缩进 2 个字符，1.5 倍行距、段前段后均为 0 行。
3. 上、下、左、右页边距均为 2cm，纸张大小为 A4。
4. 页眉内容设置为"中国计算机领域著名科学家"，宋体、五号、居中。
5. 将文本中的"神威"替换为宋体、小三号、加粗、标准色蓝色的"神威"。

■ 实验 3.2　表格操作

实验目的：

1. 掌握表格的创建。
2. 掌握表格的编辑。
3. 掌握表格的计算。

实验要求：

创建如表 3.3 所示的表格。

表 3.3　学生成绩登记表

成绩组成 姓　名	期末成绩 （60%）	平时成绩（40%）			总成绩
		考勤	作业	测试	
王　强	55	9	8	6	
李晓光	45	8	8	5	
于丽丹	63	7	6	5	
李明飞	45	6	5	6	

操作说明如下：

1. 表的标题为宋体，四号，加粗，居中。
2. 表内的文字为宋体，五号，水平居中，垂直居中。
3. 表格外框线为 1.5 磅实线，内框线为 0.5 磅实线，整个表格居中。
4. 计算总成绩（考试成绩+平时成绩）。

■ 实验 3.3　图文混排

实验目的：

1. 掌握图文混排操作。
2. 掌握艺术字的制作。
3. 掌握文本框操作。

实验要求：

创建如图 3.36 所示文档。

1. 将文档标题"共和国勋章"获得者钟南山设为 2 行 4 列的"艺术字"，小二号字，上下环绕、相对页面水平居中。

2. 在文档的第 2 段第一行行首插入"钟南山获奖照片.jpg"图片，设置图片宽度、高度均为原来的 40%，图片环绕方式设置为"上下型环绕"。

3. 为图片添加图注"钟南山获奖"（使用简单文本框），文字格式为：隶书、小四号、加粗、标准色中的红色、文本轮廓设为白色；文本框宽度为 4 厘米、高度为 0.8 厘米，文字相对文本框水平居中对齐，文本框无填充颜色、无线条，内部上下左右边距均为 0 厘米。

"共和国勋章"获得者钟南山

今年 1 月 18 日傍晚，一张钟南山坐高铁赴武汉的照片感动无数网友：临时上车的他被安顿在餐车里，一脸倦容，眉头紧锁，闭目养神，身前是一摞刚刚翻看过的文件……钟南山及时提醒公众"没有特殊的情况，不要去武汉"，自己却紧急奔赴第一线。

两天之后，1 月 20 日，健委高级别专家组组长，公众新冠肺炎存在"人传人"现象。作为国家卫健委高级别专家组组长，钟南山告知人"现象。此后，他带领团队只争朝夕，一边进行临床救治，一边开展科研攻关。疫情防控期间，他和团队先后获得部级科研立项 5 项、省级科研 16 项、市级 5 项，牵头开展新冠肺炎应急临床试验项目 41 项，并在《新英格兰医学杂志》等国际知名学术期刊上发表 SCI 文章 50 余篇，牵头完成新冠肺炎相关疾病指南 3 项、相关论著 2 部。

钟南山不仅为国内的疫情防控立下汗马功劳，也为全球共同抗击疫情积极贡献力量。他先后参与了 32 场国际远程连线，与来自美国、法国、德国、意大利、印度、西班牙、新加坡、日本、韩国等 13 个国家的医学专家及 158 个驻华使团代表深入交流探讨，分享中国经验，开展国际合作。

图 3.36 图文混排文档

4. 将图片和文本框水平居中、垂直底端对齐后组合；将组合对象的环绕方式设置为"四周型"，环绕文字在两边，图片距正文左、右两侧均为 0.3 厘米，上、下均为 0.2 厘米；组合对象水平距页边距右侧 5 厘米，垂直距段落下侧 4 厘米。

■ 实验 3.4 公式操作

实验目的：
1. 掌握插入公式。
2. 掌握自定义创建公式。

实验要求：
创建如图 3.37 所示公式。

$$f(x) = \frac{a^2}{b^3} + \sum_{k=0}^{n} \binom{n}{k} \sqrt[6]{n}$$

图 3.37 示例公式

■ 实验 3.5 邮件合并

实验目的：
掌握邮件合并操作。

实验要求：
使用以下数据（表 3.4）和准考证样式（表 3.5），通过邮件合并批量制作准考证。

表 3.4　邮件合并数据

学　　号	姓　名	性　　别	考试地点	考 试 日 期	考 试 时 间
202110021	张明辉	男	B7-112	2021 年 10 月 18 日	08:00—09:40
202110022	李晓刚	男	B7-113	2021 年 10 月 18 日	08:00—09:40
202110023	王红霞	女	B7-114	2021 年 10 月 20 日	10:00—11:40
202110024	张艳艳	女	B7-115	2021 年 10 月 20 日	10:00—11:40
202110025	张志辉	男	B7-116	2021 年 10 月 22 日	14:00—15:40

表 3.5　准考证样式

2021 年 10 月全国计算机等级考试

准 考 证

学　　　号：	202110021
姓　　　名：	张明辉
性　　　别：	男
考试地点：	B7.112
考试日期：	2021 年 10 月 18 日
考试时间：	08:00—09:40

第4章 Excel 2019电子表格处理软件

Excel 2019 是微软公司推出的 Microsoft Office 2019 的组件之一，专门用于制作电子表格。它不仅具有强大的数据组织、计算、分析和统计功能，还可以通过图表、图形等多种形式直观地显示处理结果，并能够方便地与 Office 2019 其他组件相互调用数据。

本章主要介绍制作电子表格、完成数据运算、进行数据分析和预测以及制作图表等内容。

4.1 Excel 2019 简介

■ 4.1.1 Excel 2019 的启动

启动 Excel 2019 的常用方法有 3 种：常规启动、新建电子表格启动和快捷方式启动。

1. 常规启动

在 Windows 操作系统环境中，常规启动的操作方式是，单击"开始"菜单，输入"Excel"或按照软件名称首字母 E 找到 Excel，单击即可启动 Excel 2019。

2. 新建电子表格启动

如果已经安装了 Excel 2019，右击桌面或文件夹内的空白区域，在弹出的如图 4.1 所示的快捷菜单中，单击"新建"→"Microsoft Excel 工作表"命令，即可在桌面或当前文件夹中创建一个名为"新建 Microsoft Excel 工作表"的文件。此时该文件的文件名处于可修改状态，可以重命名该文件。双击电子表格文件图标，即可启动 Excel 2019 并打开新建的电子表格。

3. 快捷方式启动

启动 Excel 2019 最常用的方式是通过快捷方式启动。当 Excel 2019 软件安装成功后，一般会在桌面自动生成快捷方式，双击快捷方式即可启动 Excel 2019。

用户还可以根据自己的使用习惯将快捷方式固定到"开始"屏幕和任务栏。

图 4.1　新建电子表格启动

4.1.2　Excel 2019 的工作界面

启动 Excel 2019 应用程序后，将打开工作界面，其中包括标题栏、选项卡、快速访问工具栏等部分，如图 4.2 所示。

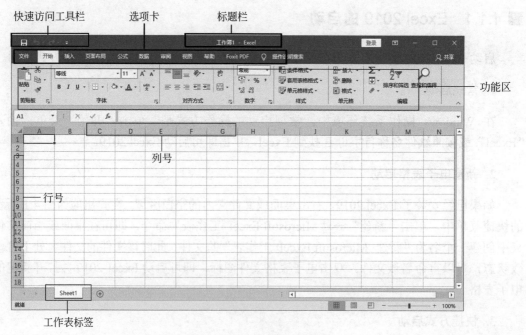

图 4.2　Excel 2019 工作界面

1. Excel 2019 工作界面各部分功能简介

（1）标题栏。标题栏位于窗口的顶端，用于显示当前正在运行的文件名称。如果是新建工作簿文件，则用户所看到的文件名是"工作簿1"，是默认的新建文件名。分别单击标题栏右侧的 ▭▭▭ 按钮，可以实现窗口的最小化、最大化或关闭操作。标题栏最左边是Excel 的图标，单击，显示窗口控制下拉菜单，利用该菜单中的命令可以进行最小化或最大化窗口、还原窗口、移动窗口、关闭窗口等操作，如图 4.3 所示。

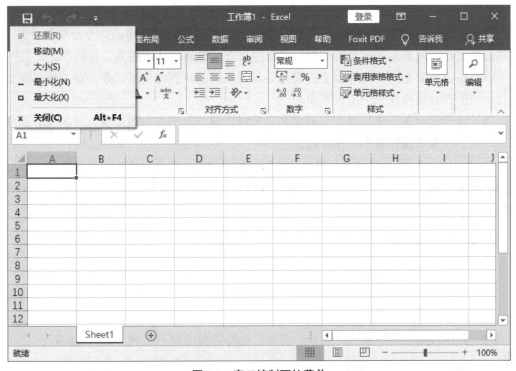

图 4.3　窗口控制下拉菜单

（2）选项卡。窗口上方是选项卡栏，单击选项卡，切换到与之相对应的功能区面板。选项卡包括主选项卡和工具选项卡。主选项卡从左到右依次是"文件""开始""插入""页面布局""公式""数据""审阅""视图"等，如图 4.4 所示。

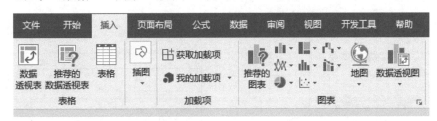

图 4.4　主选项卡

（3）快速访问工具栏。快速访问工具栏可以帮助用户快速访问使用频繁的工具或操作，如保存、撤销、恢复、快速打印、打印预览、绘制表格等。默认情况下，快速访问工具栏位于标题栏左侧，包括"保存""撤销""恢复""自定义快速访问工具栏"4 个命令按钮，用户可以根据需要自定义快速访问工具栏。

（4）功能区。选择选项卡，打开相对应的功能区面板。每个功能区又分为若干个功能组。鼠标指向功能区的图标按钮时，系统会自动提示其功能。单击功能组右下角的 ⌐ 按钮，

打开相应的对话框或任务窗口，从中可进行与此功能组相关的更多操作。

（5）列号。用于显示当前工作表内的列号，用大写英文字母表示，帮助用户快速选取一列。

（6）行号。用于显示当前工作表内的行号，用阿拉伯数字表示，帮助用户快速选取一行。

（7）任务窗格。根据用户的相关操作，Excel 会将常用对话框中的命令及参数设置，以窗格的形式长时间显示在屏幕的右侧，节省用户查找时间，从而提高工作效率。

（8）垂直滚动条。工作界面不能完全显示时，调节垂直方向滚动条，使工作界面垂直移动，用于查看或操作整个工作界面。

（9）水平滚动条。工作界面不能完全显示时，调节水平方向滚动条，使工作界面水平移动，用于查看或操作整个工作界面。

（10）工作表标签。位于工作界面的底端，显示当前工作表的名称。默认情况下，工作表的名称为 Sheet1、Sheet2……。右击可以进行重命名、插入新工作表、删除工作表等操作。

2. 调整显示比例

在 Excel 中可以调整数据在界面中的显示比例，操作方法有以下两种。

（1）选择"视图"选项卡中"缩放"命令，在打开的"显示比例"对话框中选择需要的比例，如图 4.5 所示。

（2）单击或拖动右下角的"缩放"滑块，选择需要的显示比例，如图 4.6 所示。

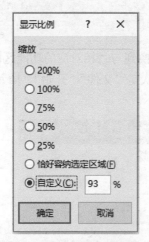

图 4.5 "显示比例"对话框

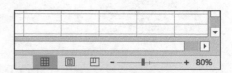

图 4.6 缩放工具栏

■ 4.1.3 工作环境设置

在 Excel 2019 中用户可以对工作环境进行设置，如设置自动保存时间、默认的文件保存位置、是否自动启用任务窗格等。

其设置方法为：右击选项卡→"自定义功能区"命令，在打开的"Excel 选项"对话框中对"快速访问工具栏"进行设置，如图4.7所示。

图4.7 "Excel 选项"对话框

■ 4.1.4 工作簿与工作表

1. 工作簿

Excel 2019 以工作簿为单元处理和存储数据。工作簿文件是 Excel 存储在磁盘等外存上的最小独立单位，其扩展名为.xlsx。工作簿窗口是 Excel 打开的工作簿文档窗口，由多个工作表组成。启动 Excel 2019 后，系统会自动新建一个名为"工作簿1"的工作簿，如图4.2所示。

2. 工作表

工作表是 Excel 2019 的工作平台，一个工作簿中可以包含一个或若干个工作表。工作表通过工作表标签标识，工作表标签显示于工作簿窗口的底部，单击不同的工作表标签进行工作表的切换。在使用工作表时，只有一个工作表是当前活动的工作表，如图4.8所示。

图 4.8　工作表

3. 单元格与单元格区域

单元格是工作表中的小方格，它是工作表的基本元素，也是 Excel 独立操作的最小单位，如图 4.9（a）所示。单元格区域是一组被选中的相邻或分离的单元格，如图 4.9（b）所示。

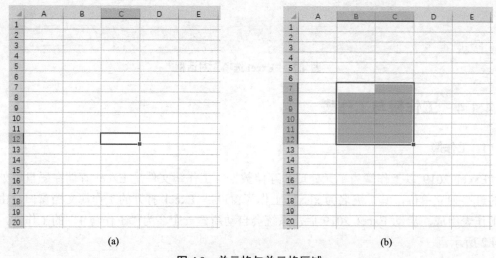

（a）　　　　　　　　　　　　　（b）

图 4.9　单元格与单元格区域

4. 工作簿、工作表与单元格的关系

工作簿、工作表与单元格之间的关系是包含与被包含的关系，即一个工作簿包含一个或多个工作表，一个工作表由多个单元格组成。

■ 4.1.5 **退出** Excel 2019

退出 Excel 2019 的常用方法有以下 4 种。

（1）在 Excel 2019 的操作界面中选择"文件"→"关闭"命令。

（2）单击 Excel 2019 操作界面中标题栏右侧的 ⊠ 按钮。

（3）按 Alt+F4 组合键。

（4）双击标题栏最左侧区域，或单击该区域并在弹出的快捷菜单中选择"关闭"命令。

4.2 Excel 2019 的基本操作

■ 4.2.1 **工作簿的基本操作**

1. 新建工作簿

在新建工作簿时，可以创建空白的工作簿，也可以根据需要搜索联机模板创建带样式的工作簿。

创建空白工作簿的方法是，选择"文件"选项卡"新建"命令，即可在工作区右侧打开"新建工作簿"任务窗格，在"新建"选项区域中，单击"空白工作簿"命令，即可新建一个空白工作簿，如图 4.10 所示。

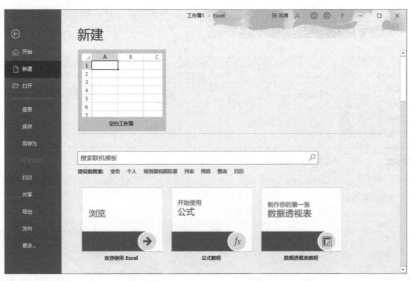

图 4.10 "新建"选项区域

在"搜索联机模板"搜索框输入关键字，单击搜索按钮，在列出的模板中双击相关模板即可创建该样式的工作簿，如图 4.11 所示。

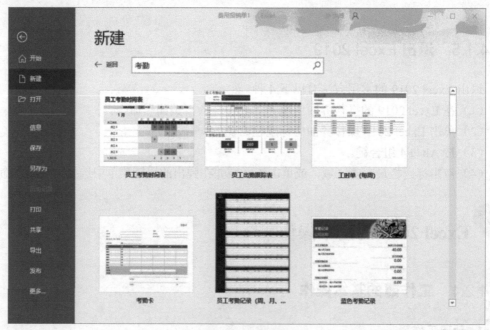

图 4.11　联机模板

2. 保存工作簿

对工作簿进行操作时，有时会遇到一些意外情况，造成数据的丢失，因此要经常执行保存操作。选择"文件"选项卡"另存为"命令，打开"另存为"对话框，选定存储位置并确定文件名，即可保存工作簿，如图 4.12 所示。

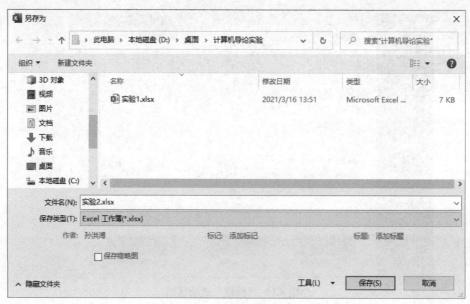

图 4.12　"另存为"对话框

3. 关闭工作簿

完成工作簿中的编辑工作后，关闭工作簿。如果工作簿经过修改还没有保存，则 Excel 在关闭工作簿之前会提示是否保存现有的修改。

关闭工作簿主要有以下 4 种方法。

（1）选择"文件"选项卡"关闭"命令。

（2）单击工作簿右上角的 ✕ 按钮。

（3）按 Ctrl+W 组合键。

（4）按 Ctrl+F4 组合键。

4. 打开工作簿

对已经保存的工作簿进行浏览或编辑操作，首先在 Excel 2019 中打开该工作簿。选择"文件"选项卡"打开"命令或单击快速访问工具栏上的"打开"按钮，弹出"打开"对话框，在"打开"对话框中选择要打开的工作簿文件，单击"打开"按钮即可打开该工作簿，如图 4.13 所示。

图 4.13　"打开"对话框

5. 保护工作簿

为了防止他人对重要工作簿中的窗口或结构进行修改，可以使用"保护工作簿"功能对工作簿进行保护。

其操作方法是，选择"审阅"选项卡"保护"功能区中"保护工作簿"选项，在弹出的对话框中选择保护项并添加密码，如图 4.14 所示。

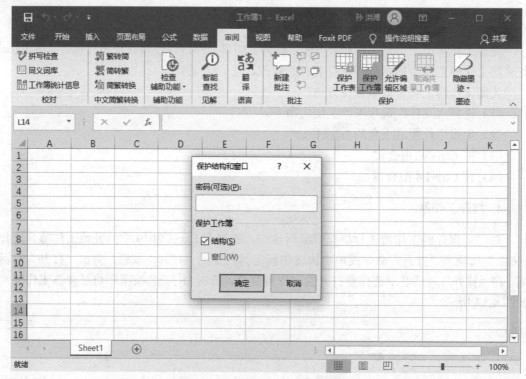

图 4.14 "保护工作簿"对话框

如果勾选"结构"复选框，则不能随意增加、删除或移动现有工作表；如果勾选"窗口"复选框，则不能随意调整工作表的显示窗口的大小。除非输入正确的密码，才能进行相应的修改操作。

■ 4.2.2　工作表的基本操作

1. 选定工作表

由于一个工作簿中包含一个或多个工作表，因此操作前需要选定工作表。选定工作表的常用方法包括以下4种。

（1）选定一个工作表：单击该工作表的标签即可。

（2）选定相邻的工作表：选定一个工作表标签，按住 Shift 键并单击相邻工作表的标签即可。

（3）选定不相邻的工作表：选定一个工作表，按住 Ctrl 键并单击其他任意一个工作表标签即可。

（4）选定工作簿中的所有工作表：右击任意工作表标签，在弹出的菜单中选择"选定全部工作表"命令即可。

2. 插入工作表

如果工作簿中的工作表数量不够，用户可以在工作簿中插入工作表，不仅可以插入空白的工作表，还可以根据模板插入带有样式的工作表。

右击任意工作表标签，在弹出的菜单中选择"插入"命令，弹出如图 4.15 所示"插入"对话框，选择"工作表"，单击"确定"按钮即可。

图 4.15 "插入"对话框

说明：如果设置了"保护工作簿"，需要先撤销工作簿保护，才能进行插入工作表的操作。

3. 重命名工作表

工作表的默认名称为 Sheet1、Sheet2……。为了便于记忆与使用工作表，可以重新命名工作表。

右击需要改名的工作表标签，在弹出的菜单中选择"重命名"命令，即可重新命名工作表。

4. 删除工作表

对工作簿进行编辑操作时，可以删除一些多余的工作表，这样不仅可以方便用户对工作表进行管理，也可以节省系统资源。

右击需要删除的工作表标签，在弹出的菜单中选择"删除"命令，弹出如图 4.16 所示信息提示框，单击"删除"按钮即可。

图 4.16 删除工作表提示

5. 移动或复制工作表

在 Excel 2019 中，工作表的位置并不是固定不变的，可以根据需要移动或复制工作表，以提高制作表格的效率。

右击需要移动或者复制的工作表标签，在弹出的快捷菜单中选择"移动或复制工作表"命令，在"移动或复制工作表"对话框中进行设置即可，如图 4.17 所示。

6. 隐藏工作表

在 Excel 2019 中，可以设置隐藏工作表，这样可以避免工作表中的重要数据外泄。当需要浏览或编辑时，设置取消隐藏以显示该工作表。

操作方法是选择"视图"选项卡"窗口"功能组中的"隐藏"命令（或者"取消隐藏"命令）即可隐藏或取消隐藏工作表，如图 4.18 所示。

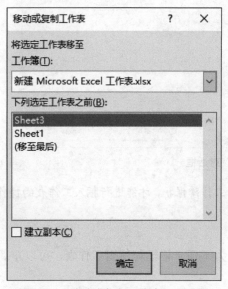

图 4.17　"移动或复制工作表"对话框　　　　图 4.18　"取消隐藏"对话框

7. 保护工作表

在 Excel 2019 中，除了可以保护工作簿的窗口与结构外，还可以通过设置密码的方式保护工作表。

设置密码的操作方法是，选择"审阅"→"保护工作表"选项，弹出"保护工作表"对话框，如图 4.19 所示。

同保护工作簿类似，用户可以取消工作表保护时使用的密码，还可以设置允许此工作表的所有用户进行的操作。

8. 设置工作表标签颜色

在 Excel 2019 中，默认的工作表标签颜色是相同的，用户可以为工作表的标签设定不同的颜色，以方便辨认不同的工作表。

右击需要设置颜色的工作表标签，在弹出的快捷菜单中选择"工作表标签颜色"选项，在显示的菜单中选择颜色即可，如图4.20所示。

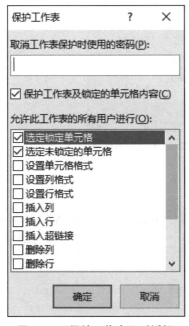

图4.19　"保护工作表"对话框

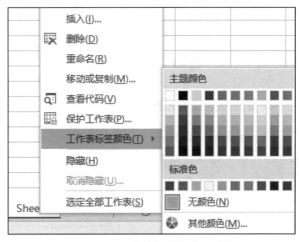

图4.20　"工作表标签颜色"菜单

■ 4.2.3　单元格的基本操作

1. 选定单元格

Excel 2019 在工作表上进行数据运算和数据分析，而工作表的基本元素是单元格，因此，在工作表中输入数据之前，需要选定单元格（单击单元格选取）或单元格区域（按住鼠标左键拖动选取）。

2. 插入单元格

插入单元格的操作方法：右击单元格，在弹出的快捷菜单中选择"插入"命令，在"插入"对话框中选择相应的单选按钮，分别实现在工作表中插入整行、整列或单元格操作，如图4.21所示。

3. 删除单元格

按 Delete 键只能清除单元格中的内容，其空白单元格仍保留在工作表中；而删除行、列、单元格或区域，其内容和单元格本身将一起从工作表中消失，空白位置由周围的单元格补充，其操作方法是，右击单元格，在弹出的快捷菜单中选择"删除"命令，在"删除"对话框中选择相应的单选按钮，分别实现在工作表中删除整行、整列或单元格操作，如图4.22所示。

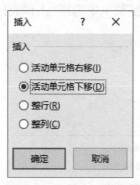

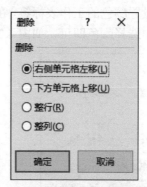

图 4.21 "插入"对话框　　　　　图 4.22 "删除"对话框

4. 合并与拆分单元格

为了使表格更加专业与美观，通常需要将部分单元格合并或拆分。选中 A1、B1、C1 单元格区域，选择"开始"选项卡"对齐方式"功能组中"合并后居中"命令即可把 3 个单元格合并，如图 4.23 所示。

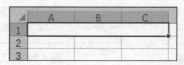

图 4.23 合并 A1、B1、C1 单元格的效果

5. 设置行高与列宽

设置行高的操作方法是右击需要设置行高的行号，在弹出的快捷菜单中选择"行高"命令，在"行高"对话框中输入数值。设置列宽的操作方法是右击需要设置列宽的列号，在弹出的快捷菜单中选择"列宽"命令，在"列宽"对话框中输入数值，如图 4.24 所示。

(a)　　　　　　　　　(b)

图 4.24 "行高"对话框与"列宽"对话框

6. 隐藏与取消隐藏单元格

若不想让其他人查看某些单元格中的数据，可以隐藏该单元格所在的行或列。当需要再次浏览或编辑隐藏的单元格时，可以取消隐藏单元格。

隐藏单元格的操作方法是，右击需要隐藏数据的行号或列号，在弹出的快捷菜单中选择"隐藏"命令，即可隐藏相应的行或列。

取消隐藏单元格的操作方法是，右击需要显示数据的行号或列号，在弹出的快捷菜单中选择"取消隐藏"命令，即可显示相应的行或列，如图 4.25 所示。

图 4.25　隐藏与取消隐藏单元格

4.3 输入与编辑数据

4.3.1　输入不同格式的数据

1. 输入文本

Excel 2019 中的文本通常是指字符（包括英文字符、中文字符等）或任何数字和字符的组合。输入到单元格内的任何字符，只要不被系统解释成数字、公式、日期、时间或逻辑值，则 Excel 2019 一律将其视为文本。在 Excel 2019 中输入文本时，系统默认的对齐方式是单元格内左对齐，如图 4.26 所示。

	A	B	C	D
1	学号	班级	姓名	入学时间
2				
3				
4				
5				
6				

图 4.26　输入文本

2. 输入数值

在 Excel 工作表中，数值型数据是最为常见和重要的数据类型。Excel 2019 强大的数据处理和数学运算等功能的实现都离不开数值型数据。在单元格中输入数值的方法与输入文本方法相同。在 Excel 2019 中输入数值时，系统默认的对齐方式是单元格内右对齐，如图 4.27 所示。

图 4.27　输入数值

3. 输入特殊符号

在 Excel 2019 工作表中除了输入数值、文本等内容以外，还可以在单元格中输入特殊符号。实际上，特殊符号也是文本数据的一种，但特殊符号不能使用键盘输入。

特殊符号输入的方法是，选择"插入"选项卡"符号"组中的"符号"命令，在"符号"对话框中选定需要的特殊符号，单击"插入"按钮即可输入所需要的特殊符号，如图 4.28 所示。

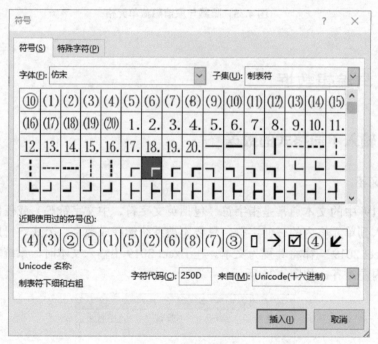

图 4.28　"符号"对话框

5. 数据的有效性

在 Excel 2019 中，可以使用一种称为"数据验证"的功能控制单元格接收数据的类型。使用数据验证可以有效地减少和避免输入错误的数据。例如，可以在某个单元格中设置"验证条件"为"整数"，并设置最小值、最大值分别为 0 和 100，那么该单元格只接受 0～100 的整数输入，如果输入其他数据，则会显示错误信息。

其操作方法是，选择"数据"选项卡"数据工具"功能组中的"数据验证"选项，根据需要在"数据验证"对话框中设置验证条件，实现数据的有效性，如图 4.29 所示。

图 4.29　"数据验证"对话框

■ 4.3.2　删除和更改单元格数据

如果在单元格中输入了错误的数据，选中该单元格按 Delete 键即可删除。

如果需要更改或替换单元格中的现有内容，单击单元格使其处于活动状态，重新输入的内容取代单元格中现有的数据。

■ 4.3.3　复制单元格数据

在 Excel 2019 中，根据需要既可以复制整个单元格，也可以只复制单元格中的指定内容。例如，复制公式的计算结果而不复制公式，或只复制公式而不复制公式的计算结果。

其操作方法是，单击"开始"选项卡，选定要复制的单元格区域，单击"剪切板"功能组中"复制"按钮，或按 Ctrl+C 组合键。选定粘贴区域，右击，在弹出的快捷菜单中选择"选择性粘贴"选项，在弹出的"选择性粘贴"对话框中进行相应的设置后单击"确定"按钮即可，如图 4.30 所示。

■ 4.3.4　自动填充

在输入数据时，如果需要在多个单元格中输入相同或有规律的数据，可以使用自动填充功能。Excel 2019 自动填充功能专门针对这类数据的输入而设置，大大提高了输入效率。

1. 通过"序列"对话框填充数据

在表格中输入一个数据，选择要填充序列的单元格区域，单击"开始"选项卡"编辑"功能组中的"填充"选项，选择"序列"命令，在"序列"对话框中设置自动填充数据的类型、步长值以及终止值等，如图 4.31 所示。

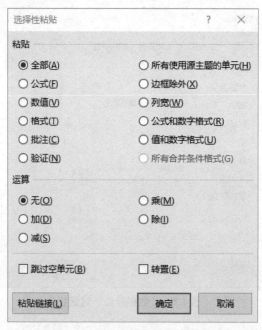

图 4.30 "选择性粘贴"对话框

2. 通过"填充柄"填充数据

选定一个单元格或单元格区域后，在其右下角会出现一个控制柄，当光标移至控制柄时会变为十字形状，拖动控制柄即可实现数据的快速填充。如果单元格中有数值型数据，单击下方的"自动填充选项"按钮打开填充选项，如图 4.32 所示，并选择相应的填充类型；如果单元格中只有文本类型数据，所有拖动过的单元格将被填充相同的文本数据。

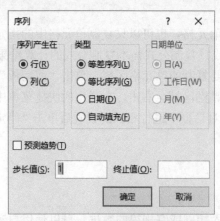

图 4.31 "序列"对话框

图 4.32 填充选项

■ 4.3.5 查找和替换

1. 查找

在工作表中查找特定的字符串时，如果逐一查看每个单元格则效率低，特别是在一个较大的工作表或工作簿中，Excel 提供的查找功能可以方便地查找需要的内容。

选择"开始"选项卡"编辑"功能组中的"查找和选择"选项，在下拉菜单中单击"查找"命令，输入要查找的数据，按回车键或单击"查找下一个"按钮即可实现查找操作，如图 4.33 所示。

图 4.33　"查找和替换"对话框

2. 替换

在 Excel 2019 中，不仅可以查找表格中的数据，还可以将查找到的数据替换为新的数据，有效地提高工作效率。

选择"开始"选项卡"编辑"功能组中的"查找和选择"选项，在下拉菜单中选择"查找"命令，单击"替换"选项卡输入要查找的数据及要替换为的新数据，按回车键或单击"替换"按钮即可实现替换操作，如图 4.34 所示。如果想全部替换，则单击"全部替换"按钮即可。

图 4.34　"查找和替换"对话框"替换"选项卡

4.4　数据的运算

■ 4.4.1　公式的基本操作

在 Excel 2019 中，可以使用公式进行数据的运算，使复杂的计算变得简单、方便。公式有其特定的语法格式：最前面是等号"="，后面是参与计算的数据对象和运算符。数据对象可以是常量数值、单元格或引用的单元格区域、标志、名称等。运算符用于连接要运算的数据对象。

■ 4.4.2　相对引用和绝对引用

使用公式时，当数据对象是单元格时，可以使用相对引用或绝对引用。相对引用是直接用列号加行号的方法表示，绝对引用是带有绝对引用符$的列号加带有绝对引用符$的行号的方法表示。例如，A1 是相对引用，$A$1 是绝对引用。

使用相对引用时，当将公式拖动到其他单元格后，公式中的引用地址会自动变化，以保证公式与参数之间的相对应的位置不变；使用绝对引用时，将公式拖动到其他单元格后，公式中的引用地址不变化。相对引用和绝对引用可以混合使用。

例如，如果在单元格 C1 中输入"=A1*B1"，这是相对引用，可以理解为单元格 C1 的值等于单元格 A1 的值和单元格 B1 的值的乘积；当把 C1 中的公式拖动到 C2 时，C2 中的公式则自动变成"=A2*B2"。 如果在单元格 C1 中输入"=$A$1*$B$1"，这是绝对引用，可以理解为单元格 C1 的值等于单元格 A1 的值和单元格 B1 的值的乘积；当把 C1 中的公式拖动到 C2 时，C2 中的公式仍然是"=$A$1*$B$1"。

■ 4.4.3　应用公式示例

在工作表中输入数据后，通过 Excel 2019 中的公式对数据进行运算处理。根据如图 4.35 所示数据，计算每位同学的总成绩。

	A	B	C	D	E	F
1			1班成绩统计表			
2	学号	姓名	高等数学	大学语文	大学英语	总成绩
3	2020001	王军	85	90	80	
4	2020002	李强	75	80	90	
5	2020003	张伟	60	70	65	

图 4.35　原始数据

首先利用公式计算王军同学的总成绩：选中单元格 F3，输入"="作为使用公式的标志，单击单元格 C3（即王军的高等数学成绩），单元格 C3 则被蓝色的选取方格套住，如图 4.36 所示，并且在单元格 F3 和编辑栏中都会显示 C3。输入运算符+，单击单元格 D3（即王军的大学语文成绩）。再输入"+"，单击单元格 E3（即王军的大学英语成绩）。公式输入完毕，单元格 F3 和编辑栏中显示"=C3+D3+E3"，如图 4.37 所示。按回车键，作为完成公式输入的确认。王军的总成绩即显示在单元格 F3 中。

	A	B	C	D	E	F
1			1班成绩统计表			
2	学号	姓名	高等数学	大学语文	大学英语	总成绩
3	2020001	王军	85	90	80	=C3
4	2020002	李强	75	80	90	
5	2020003	张伟	60	70	65	

图 4.36　选取单元格 C3

▲	A	B	C	D	E	F
1				1班成绩统计表		
2	学号	姓名	高等数学	大学语文	大学英语	总成绩
3	2020001	王军	85	90	80	=C3+D3+E3
4	2020002	李强	75	80	90	
5	2020003	张伟	60	70	65	

图 4.37　完成公式输入

然后，将单元格 F3 的计算公式应用于其他同学总成绩的计算。如果计算公式相同则无须重复输入操作，将鼠标移动到单元格 F3 的右下角，当鼠标指针变成十字形状时，向下拖动鼠标至单元格 F5 即可，如图 4.38 所示。

▲	A	B	C	D	E	F
1				1班成绩统计表		
2	学号	姓名	高等数学	大学语文	大学英语	总成绩
3	2020001	王军	85	90	80	255
4	2020002	李强	75	80	90	245
5	2020003	张伟	60	70	65	195

图 4.38　完成计算

在单元格 F3 中输入"=C3+D3+E3"（英文字符输入大小写均可），按回车键，后续步骤同上，同样实现上述功能。

从示例可以看出，使用公式进行数值计算较为灵活、方便。

4.4.4　函数

1．函数介绍

Excel 2019 将具有特定功能的一组公式组合在一起，形成了函数。与直接使用公式进行计算相比较，使用函数进行计算的速度更快，同时减少公式输入错误的发生。函数一般包含 3 部分：等号、函数名和参数。

对函数的基本操作主要有插入函数和嵌套函数。

Excel 2019 提供了 200 多个工作表函数，包括财务函数、日期与时间函数、数学与三角函数、统计函数等。常用函数包括求和函数、平均值函数、条件函数和最大值函数等。

2．应用函数示例

以成绩计算问题为例，选中单元格 G3 并输入"="，注意此时编辑栏左面的 fx，单击 fx，在"插入函数"对话框中选择所需要的函数，如图 4.39 所示。

选中求和函数 SUM，在弹出的"函数参数"对话框中设置相应的参数即可，如图 4.40 所示。

单击"确认"按钮，计算结果与单元格 F3 中的数据相同。将鼠标移动到单元格 G3 的右下角，当鼠标指针变成十字形状时，向下拖动鼠标至单元格 G5 即可。

F 列与 G 列对应单元格的数据相同，如图 4.41 所示。

读者可以练习一下其他函数的使用，如求平均值函数 AVERAGE 等。

图 4.39　选择函数

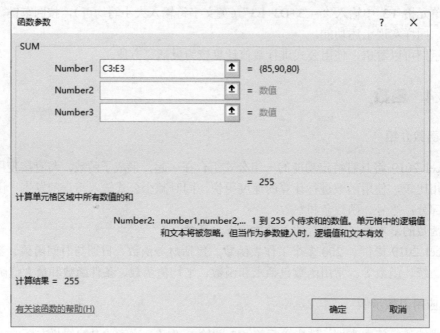

图 4.40　"函数参数"对话框

	A	B	C	D	E	F	G
1	1班成绩统计表						
2	学号	姓名	高等数学	大学语文	大学英语	总成绩	
3	2020001	王军	85	90	80	255	255
4	2020002	李强	75	80	90	245	245
5	2020003	张伟	60	70	65	195	195

图 4.41　结果对比

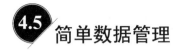 简单数据管理

4.5.1　数据排序

数据排序是指按一定规则对数据进行整理和重新排列，为数据的进一步处理做好准备。Excel 2019 提供多种方法对数据进行排序，如升序方式和降序方式。

1. 数据的简单排序

对 Excel 中的数据进行排序时，如果按照单列的内容进行简单排序，则可以使用工具栏中的"升序排序"按钮 或"降序排序"按钮 。

2. 数据的高级排序

数据的高级排序是指按照多个条件对数据进行排序。

按照多列的内容进行排序，操作方法是，选中排序数据区域，选择"数据"选项卡"排序和筛选"组中"排序"选项，在弹出的"排序"对话框中进行排序条件设置，如图 4.42 所示。

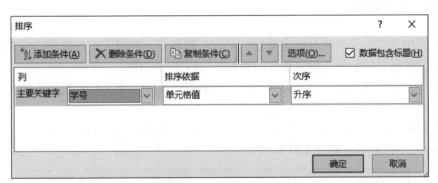

图 4.42　"排序"对话框

"排序"对话框中，通过"数据包含标题"复选框设置所选中的数据区域有无标题。勾选"数据包含标题"复选框，则系统默认选中的数据区域的第一行为标题行，将第一行各单元格的内容作为关键字的备选项，并且第一行内容不参加排序；不勾选"数据包含标题"复选框，则选中内容均参与排序，关键字的备选为各列的列号。

3. 创建自定义序列

通常情况下，系统预置的排序序列被保存在"选项"对话框"自定义排序次序"选项中，根据需要随时调用。

单击"排序"对话框中"次序"下方右侧的下拉按钮，在下拉列表中选择"自定义序列"选项，在弹出的"自定义序列"对话框中进行相应的设置，如图 4.43 所示。

图 4.43 "排序选项"对话框

■ 4.5.2 数据筛选

从数据中查找和分析满足特定条件的记录，筛选是一种用于查找数据的快速方法。经过筛选后的数据只显示包含指定条件的数据行，以供用户浏览、分析。

使用"自动筛选"命令筛选记录时，字段名称将变成一个下拉列表框的框名，通过选择下拉列表中的命令，自动筛选所需要的记录。

选中数据筛选区域，选择"数据"选项卡"排序和筛选"组中的"筛选"选项，进入"自动筛选"下拉菜单，如图 4.44 所示。

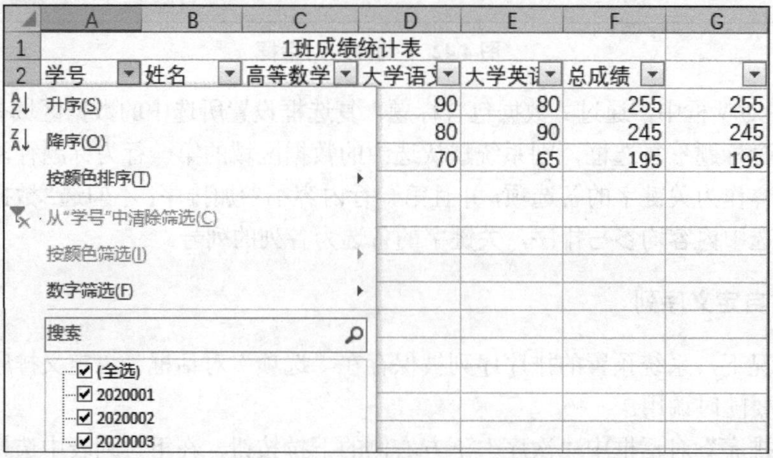

图 4.44 "自动筛选"下拉菜单

4.6　图表

为了能更加直观地呈现表格中的数据，可将数据以图表的形式显示。通过图表可以清晰、直观地展现各个数据的大小以及变化情况，方便对数据进行对比和分析。

Excel 2019 自带各式各样的图表，如柱形图、条形图、折线图、面积图、饼图以及圆环图等，各种图表各有优点，适用于不同的应用场景。

■ 4.6.1　图表的基本组成

在 Excel 2019 中，图表可以是嵌入式图表，也可以是图表工作表。嵌入式图表将图表看作一个图形对象，并作为工作表的一部分进行保存。图表工作表是工作簿中具有特定工作表名称的独立工作表。

■ 4.6.2　创建图表

使用 Excel 2019 提供的图表向导，可以快捷地创建一个标准类型或自定义类型的图表。在图表创建完成后，可以修改其各种属性，使整个图表更趋于完善。

使用图 4.38 的学生成绩表创建如图 4.45 所示柱形图，操作方法是选中前两名同学的 3 门课程成绩，如图 4.46 所示。

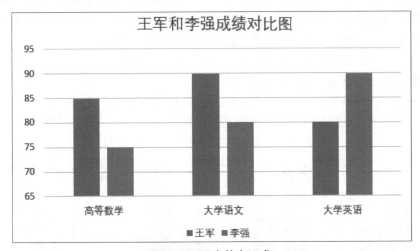

图 4.45　图表基本组成

▲	A	B	C	D	E	F
1			1班成绩统计表			
2	学号	姓名	高等数学	大学语文	大学英语	总成绩
3	2020001	王军	85	90	80	255
4	2020002	李强	75	80	90	245
5	2020003	张伟	60	70	65	195

图 4.46　选取数据源

选择"插入"选项卡"图表"组中的"推荐的图表"选项，在弹出的"插入图表"对话框中选择"所有图表"选项卡，如图 4.47 所示。

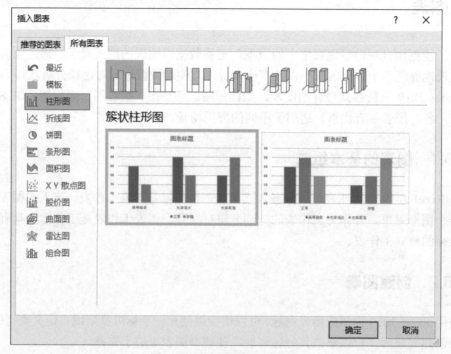

图 4.47　"插入图表"对话框

选定图表类型以及子图表类型，在"所有图表"选项卡中提供有柱形图、折线图、饼图、条形图、面积图、XY 散点图、股价图、曲面图、雷达图、组合图等 10 类图形，每种类型中又有若干子图表，选取柱形图的簇状柱形图，单击"确定"按钮。

单击"+"按钮，进行图表元素的属性设置。属性设置包括图表标题、坐标轴、网格线、图例、数据标签和数据表等选项，如图 4.48 所示。

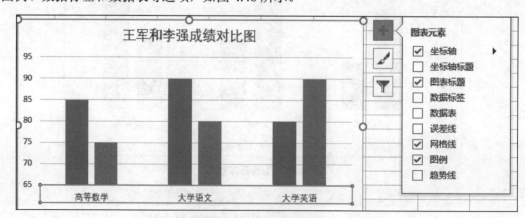

图 4.48　设置图表元素

单击"移动图表"按钮，进行图表位置的设置，如图 4.49 所示。

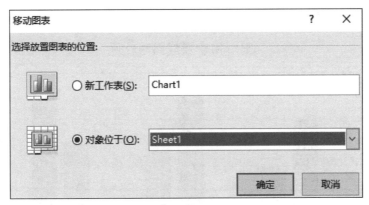

图4.49　"移动图表"对话框

单击"确定"按钮完成创建图表，如图4.45所示。

■ 4.6.3　修改图表

对创建好的图表可以进行编辑修改。例如，更改图表类型、调整图表组成部分的位置、在图表中添加和删除数据、设置图表的图案、改变图表的字体、改变数值坐标轴的刻度和设置图表中数值的格式等。

1. 调整图表组成部分的位置

在Excel 2019的图表中，图表区、绘图区以及图例等组成部分的位置都可以调整，使用鼠标拖动即可移动位置，使图表更加美观与合理，如图4.50所示。

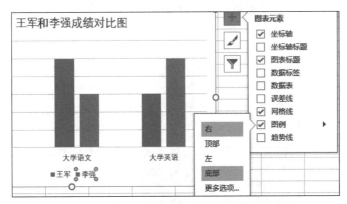

图4.50　调整图表组成部分的位置

2. 调整图表组成部分的大小

在Excel 2019中，除了可以调整图表组成部分的位置外，还可以调整其大小。用户可以调整整个图表的大小，也可以单独调整图表中的某个组成部分的大小，如绘图区、图例等。

单击绘图区或两次单击柱形（注意不是双击），使其四周出现8个黑色的选择框，将鼠标移至选择框上，鼠标指针变成双向箭头形状，此时拖动鼠标即可改变其大小，如图4.51

所示。

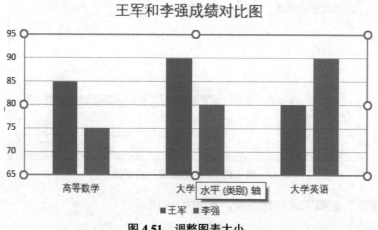

图 4.51　调整图表大小

3. 修改图表中文字的格式

若对创建图表时使用的文字格式不满意，则可以重新设置文字，如改变文字的字体和大小、对齐方式和旋转方向等。

例如，修改图例文字格式，右击图例，在弹出的快捷菜单中单击"设置图表标题格式"，在弹出的对话框中进行设置即可，如图 4.52 所示。

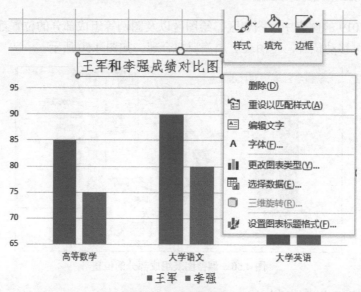

图 4.52　右键快捷菜单

此外，还可以设置图表标题、坐标轴等文字格式，方法同上。

4. 修改图表中的数据

对于图表中的数据，用户不仅可以对其进行修改，还可以根据需要添加或删除图表中的数据项，让图表更好地适应实际需要。

其操作方法是，选中图表，单击"设计"选项卡"数据"组中的"选择数据"选项，在弹出的"选择数据源"对话框中可以添加或删除数据，如图4.53所示。

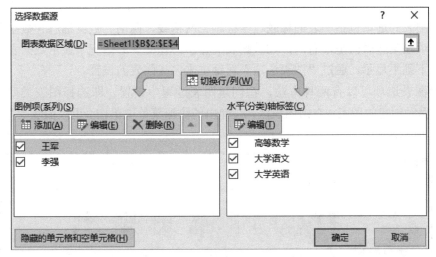

图4.53 "选择数据源"对话框

5. 修改坐标轴刻度

在建立好图表后，若默认设置的坐标轴刻度不合适，则可以重新设置坐标轴的刻度让图表更好地显示内容。

其操作方式法是，右击坐标轴，在弹出的快捷菜单中单击"设置坐标轴格式"命令，弹出如图4.54所示对话框，进行相应设置即可。

图4.54 "设置坐标轴格式"对话框

■ 4.6.4 设置图表选项

设置图表的选项包括图表的标题、坐标轴、网格线、图例、数据标志和数据表等。其中有的选项在某些时候是没有的，如数据表的显示，在必要的情况下显示数据表，在不必要的情况下则不显示。通过"图表选项"对话框来完成图表的设置。

设置图表选项可以有两种方法，在创建图表过程中设置，即选择图表类型和子图类型；对于已经创建的图表，右击图表区，在弹出的快捷菜单中单击"更改图表类型"命令，如图 4.55 所示。

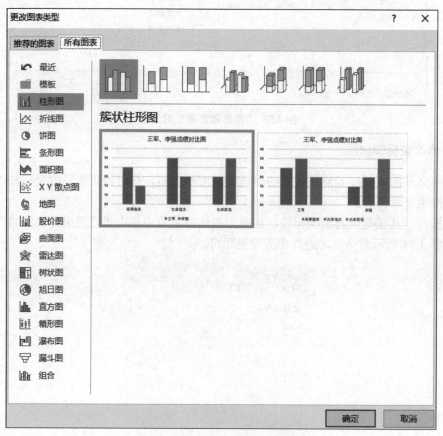

图 4.55 "更改图表类型"对话框

图表选项对话框中共有 6 个选项卡，分别是"标题""坐标轴""网格线""图例""数据标志"和"数据表"选项卡，可以根据需要进行设置。

■ 4.6.5 设置图表图案

为了使图表更加美观，可以设置图表的颜色、图案、线形、填充效果、边框和图片。对于图表中的图表区、绘图区、数据系列、图表标题、图例、网格线、坐标轴、坐标轴标题中的背景墙等，可以进行图案的设置。

其操作方法是，右击绘图区，在弹出的快捷菜单中选择"设置绘图区格式"选项，在右侧窗格中即可设置颜色。设置图案等填充效果，单击"填充"按钮即可，如图4.56和图4.57所示。

图4.56　"效果"选项

图4.57　"填充与线条"选项

■ 4.6.6　添加趋势线

趋势线是用图形的方式显示数据的预测趋势，可以用于预测分析，也称回归分析。利用"趋势线"命令可以在图表中扩展趋势线，根据实际数据预测未来数据。趋势线只能预测某一个特殊的数据而不是整张图表，所以在添加趋势线之前，应先选定要添加趋势线的数据系列。

其操作方法是，选定图表，单击"设计"选项卡"图表布局"功能组中的"添加图表元素"，在下拉菜单中选择"趋势线"选项，在"设置趋势线格式"窗格中设置即可，如图4.58所示。

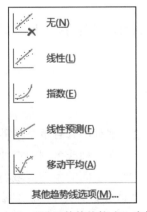

图4.58　"设置趋势线格式"窗格

4.7 高级数据管理

■ 4.7.1　高级筛选

如果数据表中的字段较多，筛选的条件也较多，自定义筛选就显得十分麻烦。对于筛选条件较多的情况，可以使用"高级筛选"处理。使用"高级筛选"功能，必须先建立一个条件区域，用来指定筛选的数据所需要满足的条件。

"高级筛选"的"条件区域"第一行必须是"字段名"，"条件区域"的"字段名"必须与数据清单相应的"字段名"完全一致，建议从数据清单中复制"字段名"到"条件区域"。

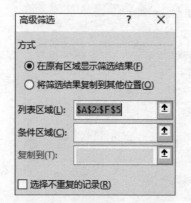

图 4.59　"高级筛选"对话框

如果各条件都是"与"的关系，则必须写在一行中；如果是"或"的关系，则分行写。有一个条件是"或"的关系，需要分两行写；有两个条件是"或"的关系，需要分 4 行写；三个条件是"或"的关系，则需要分 8 行写；以此类推。

以图 4.38 的学生成绩为数据清单。

高级筛选的操作方法是，在数据清单的空白单元格区域编辑好"条件"，选择"数据"选项卡"排序和筛选"组中的"高级"选项，在弹出的"高级筛选"对话框中设置"列表区域"和"条件区域"即可，如图 4.59 所示。

1. 高级筛选条件

（1）单列上具有多个条件。

如果某一列具有两个或多个筛选条件，那么可直接在各行中从上到下依次输入各个条件。

例如，下面的条件区域显示"高等数学"列中是 85 或 90 的数据行。

高等数学
85
90

（2）多列中具有单个条件。

若要在两列或多列中查找满足单个条件的数据，在条件区域的同一行中输入所有条件。

例如，下面的条件区域将显示所有"高等数学"大于 80 且"大学语文"大于或等于 80 且"总成绩"大于 240 的数据行。

高等数学	大学语文	总成绩
＞80	＞= 80	＞240

（3）某一列或另一列上具有单个条件。

若要找到满足一列条件或另一列条件的数据，在条件区域的不同行中输入条件。

例如，下面的条件区域将显示所有"高等数学"大于 90 或"大学语文"等于 80 或"大学英语"大于 90 的数据行。

高等数学	大学语文	大学英语
> 90		
	= 80	
		> 90

（4）两列中有两组条件之一。

若要找到满足两组条件（每一组条件都包含针对多列的条件）之一的数据行，在各行中输入条件。

例如，下面的条件区域将显示所有"高等数学"等于 85 且"大学语文"等于 90 的数据行，同时显示"高等数学"等于 90 且"大学语文"等于 80 的数据行。

高等数学	大学语文
85	90
90	80

（5）一列中有两组以上条件。

若要找到满足两组以上条件的数据行，用相同的列标，包括多列即可。

例如，下面条件区域显示"高等数学"大于或等于 90 且小于 100 以及小于或等于 60 的数据行。

高等数学	高等数学
> = 90	< 100
< = 60	

2. 取消高级筛选

单击"排序和筛选"功能组中"清除"命令即可取消高级筛选，如图 4.60 所示。

图 4.60 取消高级筛选

4.7.2 分类汇总

1. 分类汇总介绍

"分类汇总"是在分类的基础上对各类相关数据进行求和、求平均值、计数、求最大值、求最小值等汇总计算。

用 Excel 2019 分类汇总前，应先分析出"分类字段""汇总方式"和"汇总项"。"分类汇总"本身不具备对数据进行分组的功能，所以必须先按"分类字段"进行排序，才能进行"分类汇总"操作。

2. 创建分类汇总

例如，统计图 4.61 中各班的各科目平均分，"分类字段"是班级，"汇总方式"是平均值，"汇总项"是高等数学、大学语文、大学英语。

姓名	班级	高等数学	大学语文	大学英语
王军	1班	85	90	80
李强	2班	86	76	81
张伟	1班	60	70	65
刘刚	1班	88	78	83
于勇	2班	89	79	84
刘敏	2班	95	85	90
刘红	1班	96	86	91
崔月	2班	82	77	86
冯道	2班	98	88	93
高伟	1班	99	92	94

图 4.61 分类汇总数据

其操作方法是，按"高等数学"字段进行排序，选择"数据"选项卡"分级显示"功能组中"分类汇总"选项，在弹出的"分类汇总"对话框中进行相应的设置。单击"确定"按钮，即可完成分类汇总，如图 4.62 所示。

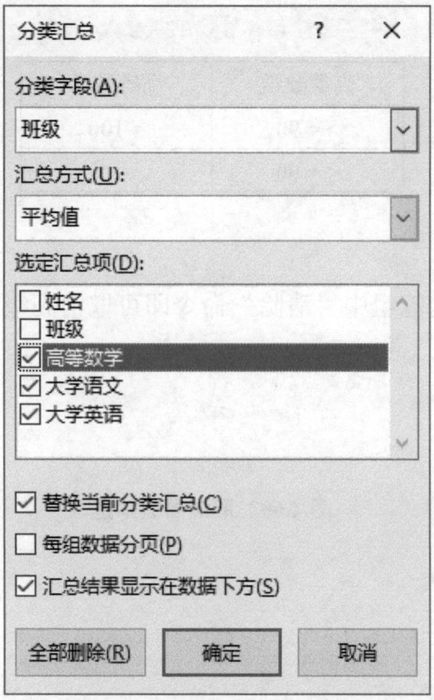

图 4.62 "分类汇总"对话框

■ 4.7.3　数据合并

通过合并计算可以把来自一个或多个数据源区域的数据进行汇总，并建立合并计算表。这些数据源区域与合并计算表可以在同一工作表中，也可以在同一工作簿的不同工作表中，还可以在不同的工作簿中。

其操作方法是，选择"数据"选项卡"数据工具"功能组中的"合并计算"选项，在弹出的"合并计算"对话框中进行相应的设置即可，如图 4.63 所示。

图 4.63　"合并计算"对话框

4.8　数据透视表

数据透视表是对大量数据快速汇总和建立交叉列表的交互式表格。它不仅可以转换行和列以查看数据源的不同汇总结果，也可以显示不同页面以筛选数据，还可以根据需要显示区域中的细节数据。

数据透视图是一个动态的图表，它是将数据透视表以图表形式显示出来。

■ 4.8.1　创建数据透视表

数据透视表通过"数据透视表向导"创建。在"数据透视表向导"的指引下，可以方便地为数据库或数据清单创建数据透视表。

其操作方法是，选择"插入"选项卡"表格"功能组中的"数据透视表"选项，按照"创建数据透视表"对话框的提示创建透视表，如图 4.64～图 4.66 所示。

图 4.64 "数据透视表"选项

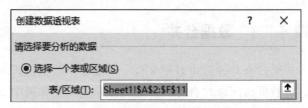

图 4.65 选择要分析的数据区域

单击"确定"按钮，完成透视表的建立，接着进行"数据透视表字段"设置即可，如图 4.67 所示。

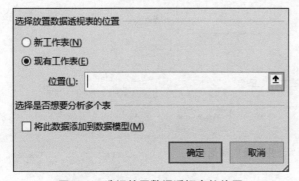

图 4.66 选择放置数据透视表的位置

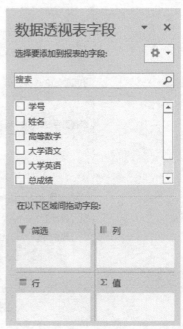

图 4.67 "数据透视表字段"设置

■ 4.8.2 更改数据透视表布局

在 Excel 2019 中，若对已创建的数据透视表布局不满意，可以通过在工作表中拖动字段按钮或字段项标题直接更改数据透视表的布局，还可以使用"数据透视表向导"更改布局。

其操作方法是，右击数据透视表，在弹出的快捷菜单中选择"数据透视表选项"选项，在弹出的"数据透视表选项"对话框中单击"布局和格式"选项卡，即可设置透视表的布局，如图 4.68 所示。

■ 4.8.3 隐藏数据透视表中的数据

创建完成数据透视表后，可以根据用户的需要，显示或隐藏具体的数据，以便于对数据进行分析与整理操作。

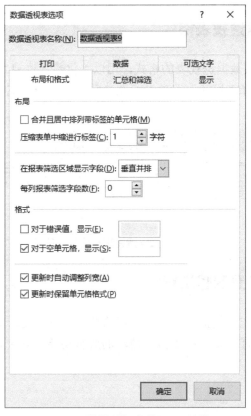

图 4.68 "数据透视表选项"对话框

其操作方法是，右击数据透视表，在弹出的快捷菜单中选择"隐藏字段列表"命令即可设置要隐藏的数据，如图 4.69 所示。

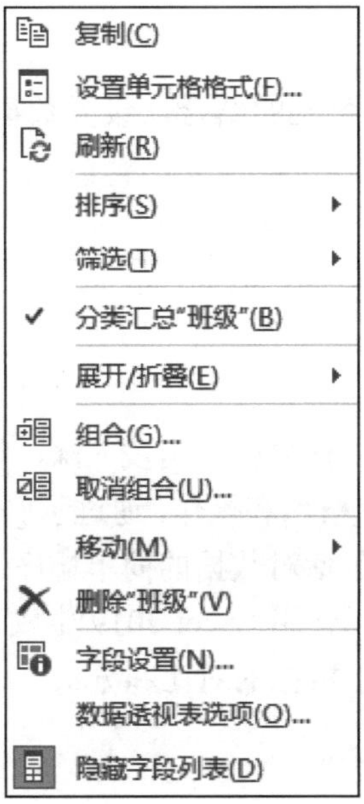

图 4.69 隐藏数据

■ 4.8.4 设置数据透视表格式

Excel 2019 自带多款数据透视表的格式，用以美化数据透视表。

其操作方法是，选择"设计"选项卡，在"数据透视表样式"功能组中选择样式，如图 4.70 所示。

图 4.70 "数据透视表样式"功能组

■ 4.8.5 创建与设置数据透视图

数据透视图可以看作是数据透视表和图表的结合，它以图形的形式表示数据透视表中的数据。数据透视图具有 Excel 图表显示数据的所有功能，同时具有数据透视表的方便和灵活等特性。

1. 创建数据透视图

创建数据透视图的操作步骤基本与创建数据透视表类似，其操作方法是，选择"插入"选项卡"图表"功能组中"数据透视图"选项，接着进行添加数据透视图字段操作设置即可。

2. 设置数据透视图

数据透视图是数据透视表与图表的结合，设置数据透视图的方法与设置图表的方法类似。

4.9 小结

本章首先熟悉 Excel 2019 的工作界面，由浅入深、循序渐进地介绍了 Excel 2019 的基本操作，阐述了公式与函数的基本概念和操作，通过示例加深对 Excel 公式和函数的理解。介绍了编辑和管理数据的方法，包括对数据的简单排序、筛选，以及高级筛选、分类汇总和创建透视表等。此外，还介绍了使用 Excel 2019 生成各种图表，通过图表直观地表示各个数据的大小以及变化情况，便于数据的对比和分析。

实验题目

■ 实验 4.1 熟悉 Excel 2019 工作界面

实验目的：

1. 掌握 Excel 2019 的启动和退出的操作方法。

2. 熟悉 Excel 2019 的工作界面。

3. 掌握 Excel 2019 工作簿的建立和保存的方法。

实验要求：

1. 练习启动和退出 Excel 2019 应用程序。

2. 认识 Excel 2019 工作界面，熟悉选项卡、功能区、工具栏等组成部分。

3. 新建一个工作簿，输入学生所在班的所有学生的考试成绩信息并将工作簿命名、保存（标题包括学号、姓名、性别、班级、多门课程的考试成绩）。

■ 实验 4.2 数据运算

实验目的：

掌握 Excel 2019 中公式与函数的使用。

实验要求：

1. 创建工作表。

2. 根据表 4.1 的数据创建 Excel 电子表格，并计算每个人的"应交房款（元）"。应交房款按"3200×住房面积×（1−0.005×工龄−0.01×房屋年限）"公式计算，并以单元格格式中货币类型"￥"货币符号加上小数点后 2 位小数（如￥44 886.20）表示，保存文件。

表 4.1 职工购房统计表

姓　名	工　龄	住房面积（m²）	房屋年限	应交房款（元）
王亮	15	48	9	
李军	24	70	12	
王林	26	60	8	
张成	30	50	10	
赵伟	32	48	9	

■ 实验 4.3 制作饼图

实验目的：

掌握 Excel 2019 中制作饼图的方法。

实验要求：

1. 图中文字部分设置为黑体、倾斜、12 号字、红色。

2. 图形边框为无色，背景为黄色，饼图全部为绿色。

3. 标题为"学院教师职称结构图"，显示名称和百分比。

数据为：教授 21 人；副教授 35 人；讲师 28 人；助教 12 人。

■ 实验 4.4 数据管理

实验目的：

掌握 Excel 2019 中管理数据的方法。

实验要求：

数据源如图 4.71 所示，假设有数百条数据，完成以下操作：

1. 填充"选课人数"列的值。选课人数计算公式：选课人数＝课容量-课余量。

2. 填充"具体时间"列的值。"具体时间"值需要参考"上课日期"和"上课节次"两列的值。例如，"星期2"，"第3大节"对应的"具体时间"值为23，以此类推。

3. 按照"具体时间"为主要关键字，"课程名称"为次要关键字对所有数据进行降序排序。

4. 将"具体时间"为 71 的单元格背景颜色改为红色。

5. 将"具体时间"为 72 的单元格文字颜色改为蓝色。

	A	B	C	D	E	F	G	H	I	J	K
1	课程号	课程名称	开课院系	任课教师	上课地点	上课日期	上课节次	课容量	课余量	具体时间	选课人数
2	6001	计算机导论	信息学院	张老师	2教107	星期2	第3大节	120	15		
3	6002	程序设计	信息学院	李老师	1教206	星期3	第2大节	80	6		
4	7005	理论力学	物理学院	王老师	5教403	星期7	第1大节	120	28		
5	7006	电磁学	物理学院	赵老师	2教305	星期5	第2大节	80	12		
6	8002	工程制图	建工学院	陈老师	1教108	星期7	第2大节	40	2		

图 4.71 数据源

第5章 PowerPoint 2019演示

文稿制作软件

PowerPoint 2019 是微软公司推出的 Microsoft Office 2019 组件之一，专门用于制作演示文稿。它可以制作出集文字、图形、图像、声音、视频等多种媒体对象为一体的演示文稿，把学术交流、辅助教学、广告宣传、产品演示等信息以直观、简洁、高效的方式展现。

使用 PowerPoint 2019 制作的演示文稿可以通过计算机屏幕、投影仪、Web 浏览器等多种途径进行播放，随着办公自动化的不断普及，PowerPoint 的应用也越来越广泛。

本章主要介绍 PowerPoint 2019 的启动、工作界面、视图模式以及制作、保存和放映演示文稿的方法等内容。

5.1 PowerPoint 2019 简介

5.1.1 PowerPoint 2019 的启动

常用启动 PowerPoint 2019 的方法有 3 种：常规启动、新建演示文稿启动和快捷方式启动。

1. 常规启动

在 Windows 操作系统环境中，常规启动的操作方式是，单击"开始"菜单，在软件名称首字母分组"P"下找到 PowerPoint 并单击即可启动 PowerPoint 软件，如图 5.1 所示。

2. 新建演示文稿启动

如果已经安装有 PowerPoint 2019，右击桌面或文件夹内的空白区域，在弹出的快捷菜单中选择"新建"→"Microsoft PowerPoint 演示文稿"命令，即可在桌面或当前文件夹中创建一个名为"新建 Microsoft PowerPoint 演示文稿.pptx"的文件。此时该文件的文件名处

图 5.1　常规启动

于可修改状态，可以重新命名该文件，如图 5.2 和图 5.3 所示。双击演示文稿文件图标，即可启动 PowerPoint 2019，并打开新建的演示文稿。

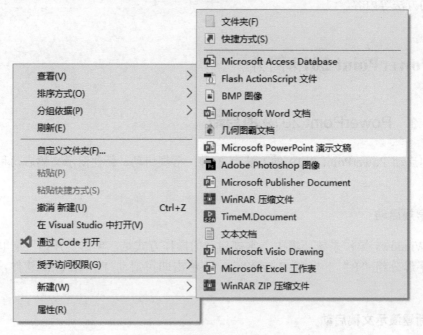

图 5.2　新建演示文稿启动 1

图 5.3　新建演示文稿启动 2

3. 快捷方式启动

双击桌面上的 PowerPoint 快捷方式图标，即可启动 PowerPoint。

如果桌面没有快捷方式，可以在"开始"菜单中找到 PowerPoint，右击，选择"更多"→"打开文件位置"，在弹出的新窗口将默认选中的 PowerPoint 快捷方式发送到桌面，即可创建一个快捷方式。

用户还可以根据自己的使用习惯选择将快捷方式固定到"开始"菜单或任务栏。

■ 5.1.2　PowerPoint 2019 的工作界面

启动 PowerPoint 2019 应用程序后，将打开工作界面，界面主要包括标题栏、选项卡栏、任务窗格、幻灯片编辑窗格、视图切换按钮区和备注窗格等，如图 5.4 所示。

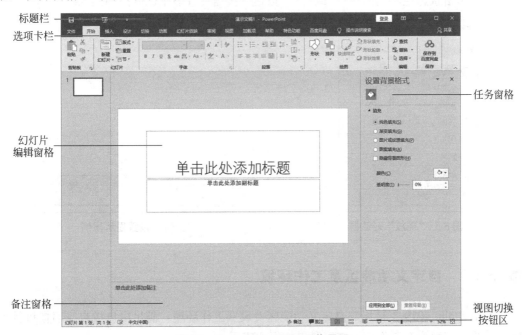

图 5.4　PowerPoint 2019 工作界面

1. PowerPoint 2019 工作界面各部分功能简介

（1）标题栏：用于显示当前演示文稿的名称，在其右侧是"最小化""最大化/还原"

和"关闭"按钮。

（2）选项卡栏：通过展开其中的每一个选项卡，选择相应的命令项，完成演示文稿的相应操作。

（3）任务窗格：执行某些操作时（如背景设置、形状格式设置等），相关的命令及参数设置会以窗格的形式显示在屏幕的右侧，可以节省用户查找命令的时间，从而提高工作效率。

（4）幻灯片编辑窗格：是 PowerPoint 工作界面中最主要的部分，它是使用各种命令和工具制作幻灯片的工作区。

（5）视图切换按钮区：用于切换不同视图方式。视图方式有 4 种：普通视图、幻灯片浏览视图、阅读视图和幻灯片放映视图，使用户在不同的工作条件下都能得到一个舒适的工作环境。每种视图包含特定的工作区、功能区和其他工具。在不同的视图中，用户可以对演示文稿进行编辑，这些改动也会同时反映到其他视图中。

（6）备注窗格：用于编辑幻灯片的一些"备注"文本。

2. 调整显示比例

在 PowerPoint 2019 中可以调整幻灯片在界面中的显示比例，操作方法有以下两种方式。

（1）选择"视图"选项卡"缩放"功能组中"缩放"选项，在弹出的"缩放"对话框中选择需要的比例，如图 5.5 所示。

（2）单击状态栏右侧的"＋"或"－"按钮，按需设置显示比例，如图 5.6 所示。

图 5.5 "缩放"对话框

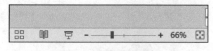

图 5.6 设置显示比例

■ 5.1.3 自定义功能区及工作环境

PowerPoint 2019 支持用户自定义功能区及设置工作环境，满足用户按自身习惯进行工作的需要，使用户在制作演示文稿时更加得心应手。

1. 自定义功能区

利用"自定义功能区"命令，把经常使用的工具按钮汇集到一个功能区中，也可以添加工具栏中没有的按钮。

右击选项卡栏，在弹出的快捷菜单中单击"自定义功能区"命令，即可在"PowerPoint选项"对话框中设置自定义功能区，如图 5.7 所示。

图 5.7 "自定义功能区"设置界面

2. 工作环境设置

在 PowerPoint 2019 中用户可以对工作环境进行设置，如设置自动保存时间、默认的文件保存位置、是否自动启用任务窗格等。

选择"文件"中的"选项"命令，在"PowerPoint 选项"对话框中可以设置"常规""校对""保存"等功能，"常规"设置界面如图 5.8 所示。

■ 5.1.4 常用的基础操作

在 PowerPoint 2019 中，有演示文稿和幻灯片两个概念。利用 PowerPoint 2019 制作并放映的文件称为演示文稿。而演示文稿中的每一页则称为幻灯片，每张幻灯片都是演示文稿中既相互独立又相互联系的内容。

保存、放映、加密和打包演示文稿，是在制作演示文稿时经常使用的操作。

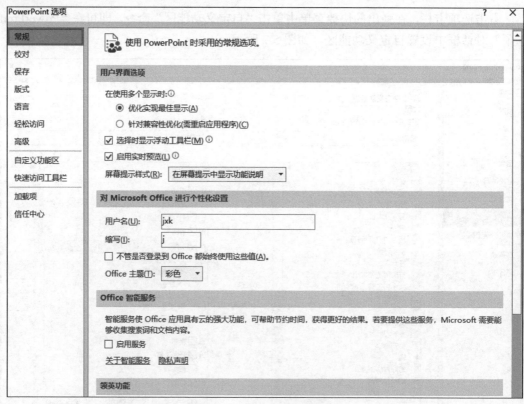

图 5.8 "常规"设置界面

1．保存演示文稿

文件的保存是一种常见操作，在演示文稿的创建过程中要及时保存，避免数据的意外丢失。在 PowerPoint 中保存演示文稿的方法和步骤与 Word 中保存文档类似。选择"文件"中的"保存"或"另存为"命令进行保存操作。

2．放映演示文稿

针对不同的场合及不同的观众，可以选择不同的放映方式。

在 PowerPoint 2019 中，有 3 种放映方式："从头开始""从当前幻灯片开始"和"自定义幻灯片"。选择"幻灯片放映"选项卡"开始放映幻灯片"选项组中的相应命令即可进行幻灯片放映。

3．加密演示文稿

加密可以防止其他用户在未授权的情况下打开或修改演示文稿，以提高文稿的安全性。密码可以是字母（区分大小写）、数字、空格和其他符号的任意组合。需要注意的是，如果丢失或忘记密码，则无法打开受密码保护的文稿。

依次选择"文件"→"信息"→"保护演示文稿"→"用密码进行加密"命令，即可进行密码设置。

4. 将演示文稿打包成 CD

PowerPoint 2019 中提供"将演示文稿打包成 CD"功能，方便将演示文稿及其链接的各种媒体文件一次性打包到 CD。依次选择"文件"→"导出"→"将演示文稿打包成 CD"命令，即可实现该功能。

5.2 制作演示文稿

5.2.1　演示文稿的制作过程

演示文稿的制作过程包括以下 5 个步骤。

（1）准备素材：准备演示文稿中所需要的文本、图片、声音、动画等文件。

（2）确定方案：设计演示文稿的整体结构。

（3）初步制作：将文本、图片等对象输入或插入到相应的幻灯片中。

（4）修饰处理：设置幻灯片中的相关对象的要素（包括字体、颜色、大小等），对幻灯片进行修饰处理。

（5）预演放映：设置放映过程中的相关要素，通过放映查看效果，并进行修改和完善。

5.2.2　制作一份演示文稿

演示文稿通常由一张"标题"幻灯片和若干"普通"幻灯片组成。

启动 PowerPoint 2019，依次选择"文件"→"另存为"→"浏览"命令，打开"另存为"对话框，选定"保存位置"（如 G:\），为演示文稿取一个便于理解和记忆的名字（如"我的第一份演示文稿"），单击"保存"按钮，将演示文稿保存在 G 盘根目录下，如图 5.9 所示。

图 5.9　保存文件

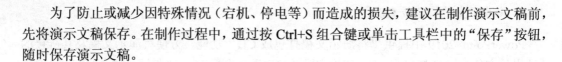

为了防止或减少因特殊情况（宕机、停电等）而造成的损失，建议在制作演示文稿前，先将演示文稿保存。在制作过程中，通过按 Ctrl+S 组合键或单击工具栏中的"保存"按钮，随时保存演示文稿。

1. 标题幻灯片的制作

（1）启动 PowerPoint 2019，单击欢迎页"空白演示文稿"，系统则会创建空白演示文稿，并自动新建一张"标题"幻灯片。

（2）在工作区中，单击"单击此处添加标题"文字，输入标题字符串（如"熟悉 PowerPoint 2019"），选中输入的字符串，选择"开始"选项卡"字体"功能区中"字体""字号""字体颜色"按钮，即可设置标题的相关格式。

（3）单击"单击此处添加副标题"文字，输入副标题字符串（如"我的第一份演示文稿"），仿照上面的方法设置副标题的相关格式。

标题幻灯片制作完成，效果如图 5.10 所示。

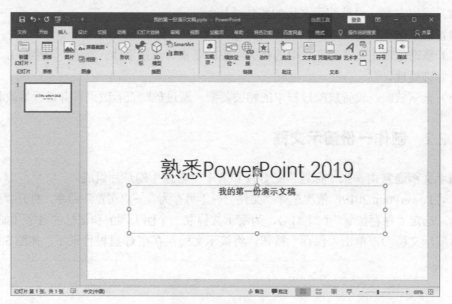

图 5.10 标题幻灯片

2. 普通幻灯片的制作

（1）新建一张"空白"版式幻灯片。

选择"插入"选项卡中的"新建幻灯片"下拉菜单（或按 Ctrl+M 组合键），即可新建默认版式的幻灯片。如果单击该按钮的底部文字区域，在弹出窗口的幻灯片版式清单中选择一种幻灯片样式（这里选择"空白"样式）进行新幻灯片的插入。

（2）添加文本框。

输入文本：单击"插入"选项卡"文本"功能组中的"文本框"下拉按钮，选择"绘制横排文本框"或"竖排文本框"命令，此时鼠标指针变成"细十字"形状，按住鼠标左键在"工作区"中拖拉，即可插入一个文本框，然后将需要的文本内容输入到相应的文本框中。

属性设置：对文本框中文本的字体、字号、字体颜色等属性进行设置。

调整大小：将鼠标移至文本框的 4 个角或 4 条边的"控制点"处，当鼠标成双向拖拉箭头时，按住鼠标左键拖曳，即可调整文本框的大小。

编辑完成后，效果如图 5.11 所示。

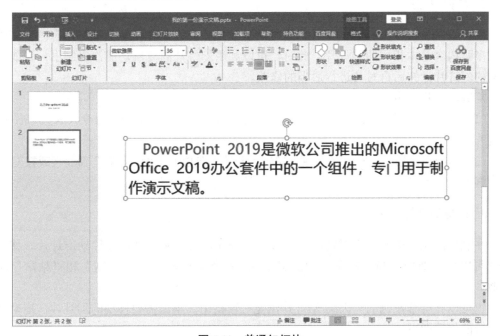

图 5.11　普通幻灯片

重复以上操作，完成后续幻灯片的制作并保存，制作完成第一份演示文稿。

5.3 编辑幻灯片

5.3.1 编辑幻灯片的基本操作

幻灯片作为一种对象，可以对其进行编辑操作。主要的编辑操作包括添加新幻灯片、选择幻灯片、复制幻灯片、调整幻灯片顺序和删除幻灯片等。在对幻灯片的编辑过程中，最为方便的视图模式是"幻灯片浏览"视图，小范围或少量的幻灯片操作也可以在"普通"视图模式下进行。

1. 选择幻灯片

选择一张幻灯片：无论是在"普通"视图还是"幻灯片浏览"视图下，单击即可选中幻灯片。

选择编号相连的多张幻灯片：单击起始编号的幻灯片，按住 Shift 键，并单击结束编号的幻灯片，即可同时选中多张幻灯片。

选择编号不相连的多张幻灯片：按住 Ctrl 键，依次单击需要选择的幻灯片，即可选中多张不相连的幻灯片。在按住 Ctrl 键的同时再次单击已被选中的幻灯片，则取消选择该幻灯片。

2．复制幻灯片

PowerPoint 2019 支持以幻灯片为对象的复制操作。在制作演示文稿时，有时会需要两张或多张内容基本相同的幻灯片。此时，可以利用幻灯片的复制功能，复制出一张或多张相同的幻灯片，然后再对其进行适当的修改。

复制幻灯片的步骤如下。

（1）选中需要复制的幻灯片，单击"开始"选项卡中的"复制"命令（或按 Ctrl+C 组合键）。

（2）单击需要插入幻灯片的位置，单击"开始"选项卡中的"粘贴"命令（或按 Ctrl+V 组合键）。

3．调整幻灯片顺序

在制作演示文稿时，有时需要对幻灯片的顺序进行重新排列，即移动幻灯片。移动幻灯片可以用"剪切"和"粘贴"功能实现，其操作步骤与使用"复制"和"粘贴"功能类似。

也可以在屏幕左侧的"大纲/幻灯片浏览"窗格中，单击需要移动的幻灯片，拖动至重新安排的位置即可。

■ 5.3.2　文字编辑

文字编辑是设计演示文稿的基础。下面介绍如何在幻灯片中添加文本，以及如何修饰演示文稿中的文字、设置文字的对齐方式和添加特殊符号。

1．添加文本

文本框是一种可移动、可调整大小的文字或图形的容器。使用文本框，可以在幻灯片中放置多个文字块，可以使文字按照不同的方向排列，也可以打破幻灯片版式的制约，实现在幻灯片中的任意位置添加文字信息的效果，如图 5.12 所示。

图 5.12　插入文本框

2．设置文本框属性

在文本框中输入的文字没有任何格式，需要用户根据演示文稿的实际需要进行设置。文本框上方有一个旋转控制点 ⟳，可以方便地将文本框旋转至任意角度。

另外可以对文本框进行选择、复制、移动、删除等操作，以及设置文本框填充、边框、大小等属性，在文本框边缘处右击，进行相关设置即可，如图 5.13 所示。

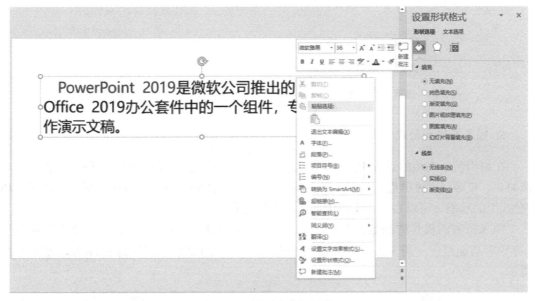

图 5.13　设置文本框属性

3．文本的基本操作

PowerPoint 2019 对文本的基本操作主要包括选择、复制、粘贴、剪切、撤销与恢复、查找与替换等。掌握文本的基本操作是进行文字属性设置的基础，以上操作方法与 Word 中相应操作方法类似。

4．设置文本属性

为了使演示文稿更加美观、清晰，需要对文本属性进行设置。文本的基本属性设置包括对字体、字号及字体颜色等进行设置。

当幻灯片应用了版式（后面介绍）后，幻灯片中的文字也具有预先定义的属性。

对幻灯片中的文字进行编辑时，经常需要设置文字的对齐方式。常用的对齐方式有段落对齐和文本对齐两种。

段落对齐可以实现文字的左对齐、居中、右对齐、两端对齐及分散对齐。在"开始"选项卡"段落"功能区中包含这 5 种对齐方式，如图 5.14 所示。

文本对齐是基于文本框的对齐设置，单击"开始"选项卡"段落"功能区中的"对齐文本"下拉按钮，进行"顶端对齐""中部对齐"及"底端对齐"等设置，如图 5.15 所示。

图5.14 段落对齐方式

图5.15 文本对齐方式

5. 插入符号和公式

在编辑演示文稿的过程中，不仅有汉字或英文字符的输入，还要插入一些符号和公式，例如β、∈等，通过键盘无法输入特殊符号。在 PowerPoint 2019 中提供了插入"符号"和"公式"的功能，可以在演示文稿中插入各种符号和公式。

插入符号的操作方法是，先将光标放置在要插入符号的位置，选择"插入"选项卡"符号"功能组中"符号"选项，在弹出的"符号"对话框中进行选择即可，如图5.16所示。

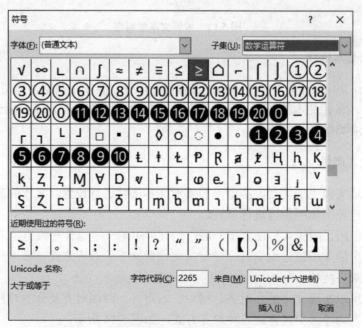

图5.16 "符号"对话框

"公式"功能用于输入数学函数、微积分方程式等复杂公式，具体操作方法与 Word 中基本类似，这里不再赘述。

5.3.3　段落处理

为了使幻灯片中的文本层次分明、条理清晰，可以为幻灯片中的段落设置段落格式和级别，下面介绍设置段落的对齐方式、缩进方式，以及使用项目符号和编号设置段落级别的方法。

1. 段落的对齐方式

段落对齐是指段落边缘的对齐方式，包括"左对齐""居中""右对齐""两端对齐"和"分散对齐"。单击"开始"选项卡"段落"功能组中的相应按钮即可进行设置。

2. 段落的缩进方式

在 PowerPoint 2019 中，可以设置文本段落与文本框边框的距离，也可以设置段落缩进量。首先选中要编辑的文字，然后单击"开始"选项卡"段落"功能组中的"减少缩进量"或"增加缩进量"按钮，减少或增加文本的缩进量。

3. 段落的行间距和段间距

在 PowerPoint 中，可以对行距及段落换行的格式进行设置。设置行距改变 PowerPoint 默认设置的行距，使演示文稿中的内容更为清晰；设置换行格式使文本以规定的格式分行。

选定需要设置行距的段落，右击，在弹出的快捷菜单中选择"段落"选项，弹出"段落"对话框，在"缩进和间距"选项卡中设置行距、段间距、缩进与对齐方式等，如图 5.17 所示。选择"中文版式"选项卡，即可进行换行格式设置，如图 5.18 所示。

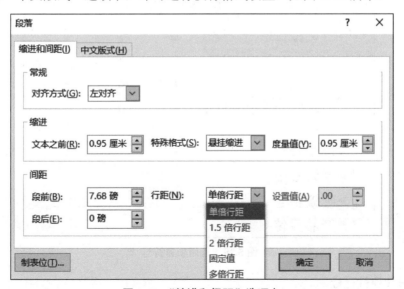

图 5.17 "缩进和间距"选项卡

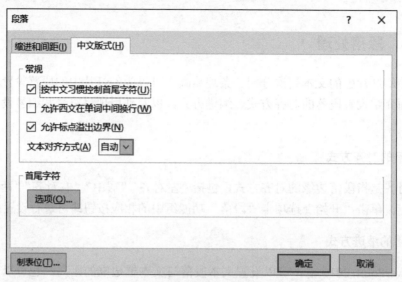

图 5.18 "中文版式"选项卡

4. 项目符号

在演示文稿中，为了使某些内容更为醒目，经常要用到项目符号。项目符号起到强调作用，可以使文档的层次结构更为清晰、更有条理。项目符号分为常用项目符号、图片项目符号和自定义项目符号。

（1）常用项目符号。

将光标定位在需要添加项目符号的段落，或同时选中多个段落，单击"开始"选项卡"段落"功能组中的"项目符号"按钮，在下拉菜单中设置即可，如图 5.19 所示。

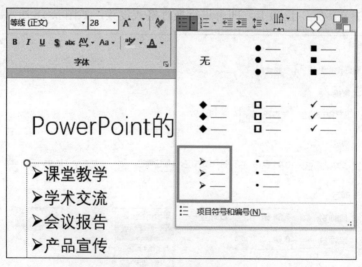

图 5.19 常用项目符号

（2）图片项目符号。

在"项目符号和编号"对话框中可供选择的项目符号类型共有 7 种，PowerPoint 2019允许将图片设置为项目符号，丰富了项目符号的形式。

选择图 5.19 中"项目符号和编号"命令，在"项目符号和编号"对话框中单击"项目符号"选项卡中的"图片"按钮，即可插入图片符号，如图 5.20 所示。

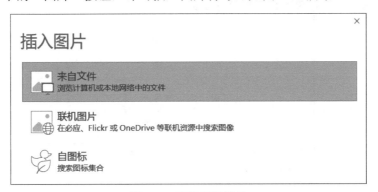

图 5.20 图片项目符号

（3）自定义项目符号。

在 PowerPoint 2019 中，除系统提供的项目符号和图片项目符号外，还可以将系统符号库中的字符设置为项目符号。

单击图 5.19 中"项目符号和编号"命令，在"项目符号和编号"对话框中单击"项目符号"选项卡中的"自定义"按钮，即可设置，如图 5.21 所示。

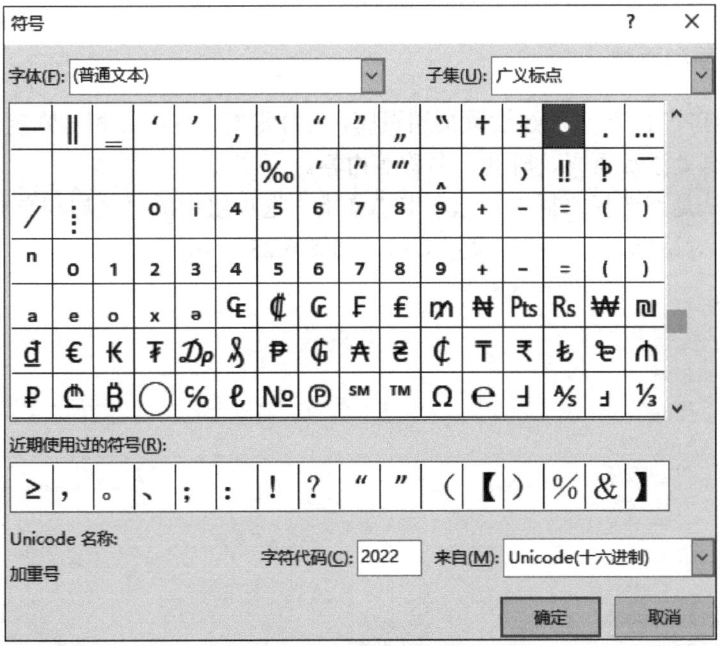

图 5.21 自定义项目符号

5. 项目编号

在 PowerPoint 2019 中，可以为不同级别的段落设置不同的项目编号，使主题层次更加分明、更有条理。在默认状态下，项目编号由阿拉伯数字构成。此外，PowerPoint 2019 还提供其他 6 种标准的项目编号格式，并且允许用户使用自定义项目编号，如图 5.22 所示。

图 5.22　"编号"选项卡

■ 5.3.4　版面布局

借助幻灯片的版面元素可以更好地设计演示文稿，例如，在幻灯片中使用页眉和页脚显示必要的信息，使用网格线和标尺定位对象。

1. 设置页眉和页脚

在制作幻灯片时，可以通过设置页眉页脚，为每张幻灯片添加相对固定的信息，例如，在幻灯片的页脚处添加页码、时间、名称等内容。

其操作方法是，选择"插入"选项卡"文本"选项组中的"页眉和页脚"选项，弹出"页眉和页脚"对话框，进行相应设置即可，如图 5.23 所示。

图 5.23　"页眉和页脚"对话框

2. 备注信息

在演示文稿中添加备注信息，可以将备注信息打印成备注页，作为演讲者演讲时的备注，也可以同幻灯片一起放映，如图 5.24 所示。

3. 网格和参考线

当在幻灯片中添加多个对象后，可以通过显示的网格线移动和调整多个对象之间的相对大小和位置。

其操作方法是，选择"视图"选项卡"显示"功能组右下角的对话框启动器按钮，在弹出的"网格和参考线"对话框中进行设置，如图 5.25 所示。

图 5.24　备注信息　　　　　　图 5.25　"网格和参考线"对话框

⚠️注意：网格和参考线只在编辑阶段可见，幻灯片放映时不可见。

4. 标尺

选择"视图"选项卡"显示"功能组中的"标尺"命令，幻灯片将出现标尺。标尺分为水平标尺和垂直标尺两种。标尺可以方便、准确地在幻灯片中放置文本或图片对象，利用标尺还可以移动和对齐对象，调整文本中的缩进和制表符，如图 5.26 所示。

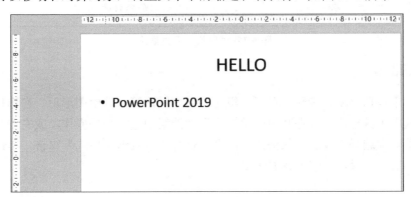

图 5.26　标尺

■ 5.3.5 绘制图形

PowerPoint 2019 的绘图工具可以绘制简单的基本图形、线条、连接符、几何图形、星形以及箭头等复杂的图形。使用基本图形可以组合成复杂多样、生动有趣的图案。

1. 在幻灯片中绘制图形

单击"插入"选项卡"插图"功能组中的"形状"下拉按钮，可以在幻灯片中绘制图形。"形状"中包含许多种类图形，如线条、基本形状、流程图、星与旗帜、标注等。选择不同的选项以便绘图或制作各种图形及标志，如图 5.27 所示。

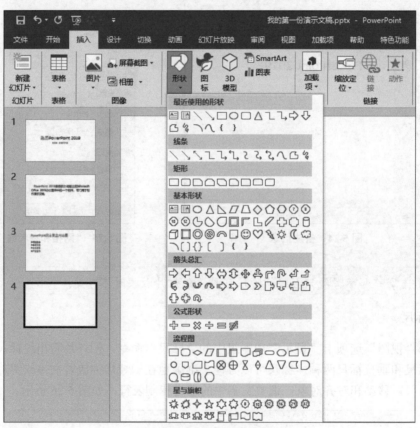

图 5.27 "形状"下拉菜单

2. 编辑图形

编辑图形包括移动、旋转、对齐、组合、层叠图形等。选中图形后，在选项出现"绘图工具格式"工具栏，可以在其中的"排列"功能组中进行相关操作，或右击图形，在弹出的快捷菜单中选择"设置形状格式"命令，打开"设置形状格式"窗格，单击"大小和属性"按钮进行设置，如图 5.28 所示。

图 5.28 "设置形状格式"窗格

5.3.6 插入图片

PowerPoint 2019 提供大量实用的联机图片，可以丰富幻灯片的版面效果。除此之外，还可以从本地磁盘插入或从网络上复制需要的图片，制作图文并茂的幻灯片。

插入图片的操作方法是，单击"插入"选项卡"图形"功能组中的"图片"下拉按钮，在下拉菜单中单击"此设备"命令，即可插入你想要的图片，如图 5.29 所示。

图 5.29 插入图片

图片插入到演示文稿之后，可以调整其位置、大小、对比度和亮度，也可以根据需要对其进行裁剪，添加边框，设置透明色等操作。

设置图片的操作方法是，选中图片后则自动出现"格式"选项卡，如图 5.30 所示。当鼠标移至按钮图片上，则显示按钮的名称。

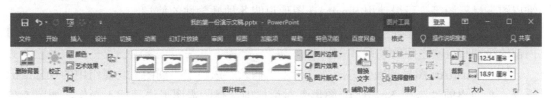

图 5.30 "格式"选项卡

"格式"选项卡中部分工具按钮作用如下。

（1）"颜色"下拉按钮：单击该按钮可对图片进行颜色饱和度、色调、重新着色、透明色等设置。

（2）"裁剪"下拉按钮：使用该工具按钮可以根据需要裁剪图片。

（3）"压缩图片"下拉按钮：使用该工具按钮可以对图片进行压缩，缩小文件大小，以节省存储空间或减少下载时间。

（4）"重置图片"下拉按钮：单击该按钮，可撤销插入图片后所做的所有操作，还原图片刚插入时的状态。

■ 5.3.7　插入艺术字

插入艺术字的操作方法是，单击"插入"选项卡"文本"组中的"艺术字"下拉按钮，打开"艺术字库"下拉列表，如图 5.31 所示，从中选择样式即可插入艺术字。

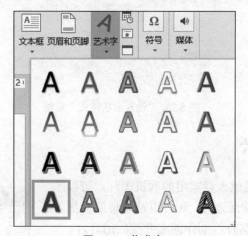

图 5.31　艺术字

艺术字是一种特殊的图形文字，常被用于幻灯片的标题文字。艺术字既可以像文字对象一样设置字号、加粗、倾斜等效果，也可以像图形对象一样设置边框、填充等属性，还可以调整其大小，旋转或添加阴影、三维效果等。

■ 5.3.8　插入 SmartArt 图形

PowerPoint 2019 提供的 SmartArt 图形库中包括组织结构图、循环图、射线图、棱锥图、维恩图、目标图等，可以使用 SmartArt 图形说明各种概念性的信息。

组织结构图是图形库中最为常用的图示，可以直观地说明层级关系，常用于表明事物内部的级别和层次之间的关系。

插入 SmartArt 图形的操作方法是，单击"插入"选项卡"插图"功能组中的 SmartArt 选项，在弹出的"选择 SmartArt 图形"对话框中选择所需图形进行插入操作，如图 5.32 所示。

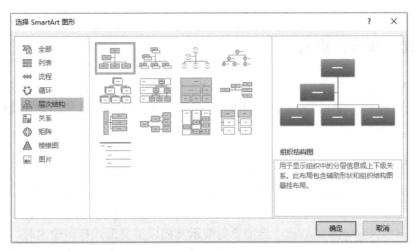

图 5.32　"选择 SmartArt 图形"对话框

■ 5.3.9　插入相册

使用 PowerPoint 2019 可以制作电子相册。在商务应用中，电子相册适用于介绍公司的产品目录或分享图像数据及研究成果。

插入相册的操作方法是，单击"插入"选项卡"图像"功能组中的"相册"下拉按钮，在弹出的"新建相册"对话框中选择图片文件插入即可，如图 5.33 所示。在插入相册的过程中可以更改图片的先后顺序，调整图片的色彩明暗对比与旋转角度，以及设置图片版式和相框形状等。

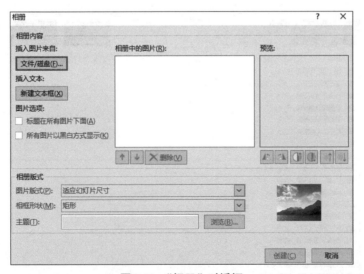

图 5.33　"相册"对话框

如果不满意所建相册所呈现的效果，可以单击"插入"选项卡"图像"功能组中的"相册"下拉按钮，在下拉菜单中单击"编辑相册"命令，弹出"相册"对话框，重新修改相册的顺序、图片版式、相框形状、演示文稿设计模板等相关属性。设置完成后，PowerPoint 2019 则自动重新整理相册。

■ 5.3.10　模板预设格式

PowerPoint 2019 提供大量的模板预设格式，应用模板预设格式，可以轻松地制作出具有专业效果的演示文稿，以及备注和讲义演示文稿。模板预设格式包括设计模板、主题颜色、幻灯片版式等内容。

1. 母版

PowerPoint 2019 中包含 3 种母版，即幻灯片母版、讲义母版和备注母版。当需要设置

图 5.34　母版使用

幻灯片风格时，可以在"幻灯片母版"视图中进行设置；当需要将演示文稿以讲义形式打印输出时，可以在"讲义母版"中进行设置；当需要在演示文稿中插入备注内容时，则可以在"备注母版"中进行设置。

设置母版的操作方法是，选择"视图"选项卡"母版视图"功能组中的相关命令，即可进行对应的母版视图设置，如图 5.34 所示。

2. 配色方案

PowerPoint 2019 为每种设计模板提供多种不同的配色方案，用户可以根据需要在"设计"选项卡"变体"功能组中展开设置项目，在"颜色"中选择不同的配色方案设计演示文稿，如图 5.35 所示。

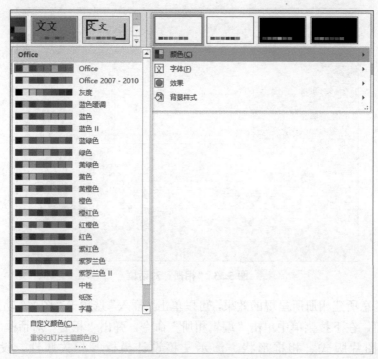

图 5.35　配色方案

此外，还可以根据需要设置是否显示背景图片，以及控制幻灯片背景颜色的显示样式。

右击幻灯片空白位置，在弹出的快捷菜单中选择"设置背景格式"选项，即可在弹出的"设置背景格式"窗格中进行相关设置，如图 5.36 所示。

图 5.36　"设置背景格式"窗格

3. 主题

主题是包含演示文稿样式的设计模板文件，包括项目符号和字体的类型及大小和位置、背景设计和填充、配色方案以及幻灯片母版和可选的标题母版等信息。应用主题功能，可以快速统一演示文稿的外观。

应用主题的操作方法是，选择"设计"选项卡"主题"功能组中的候选主题，或展开功能清单，浏览加载主题文件即可。

5.3.11　插入动画

在 PowerPoint 2019 中，可以为演示文稿中的文本或其他对象添加特殊的视觉效果或声音效果，如使文字对象逐字飞入演示文稿，或在显示图片时自动播放声音等。

1. 切换幻灯片效果

幻灯片切换效果是指一张幻灯片如何从屏幕上消失，以及另一张幻灯片如何显示在屏幕上的效果。

切换幻灯片效果的操作方法是，选择"切换"选项卡，可进行"持续时间""换片方式""声音"等设置，即可为幻灯片添加切换效果，如图 5.37 所示。

图 5.37　切换幻灯片设置

2. 自定义动画

自定义动画是指为幻灯片内部各个对象设置的动画。选中某对象后，单击"动画"选项卡"高级动画"功能组中的"添加动画"下拉按钮，在下拉菜单中选择动画形式添加即可，如图 5.38 所示。

图 5.38 "添加动画"下拉菜单

在设置自定义动画时，可以对幻灯片中的文本、图形、表格等对象设置不同的动画效果，如进入效果、强调效果、退出效果等。

当用户为对象添加某种动画效果后，该对象就应用了该动画效果的默认动画格式，主要包括动画开始运行的方式、变化方向、运行速度、延迟时间、重复次数等。如需修改，可用"动画"选项卡"动画"功能组右下角的"显示其他效果选项"功能进行详细设置。

■ 5.3.12 插入超链接

超链接是指向特定位置或文件的一种连接方式，可以利用超链接指定跳转的位置。超链接只有在幻灯片放映时才有效，当鼠标移至超链接文本时，鼠标指针变为手形指针。

插入超链接的操作方法是，选中需设置超链接的对象后，单击"插入"选项卡"链接"

功能组中的"链接"按钮，在打开的"插入超链接"对话框中即可设置链接地址，如图 5.39 所示。

图 5.39　"插入超链接"对话框

超链接可以跳转到当前演示文稿中的特定幻灯片、其他演示文稿中特定的幻灯片、自定义放映、电子邮件地址、文件或 Web 页。

5.4　多媒体应用

PowerPoint 2019 允许插入影片和声音等多媒体对象，使演示文稿从画面到声音，多方位地向观众传递信息。

■ 5.4.1　在幻灯片中插入影片

PowerPoint 2019 中的影片包括视频和动画，用户可以在幻灯片中插入的视频格式有十几种，而可以插入的动画则主要是 GIF 动画。严格来说，GIF 动画属于图片范畴，因此插入方法与插入图片的方法类似。下面主要介绍视频的插入方法。

1. 插入视频

插入视频的操作方法是，单击"插入"选项卡"媒体"功能组中的"视频"下拉按钮，可以插入本机或联机视频文件，如图 5.40 所示。

图 5.40　"视频"下拉菜单

2. 设置视频格式

对于插入到幻灯片中的视频，可进行调整位置、大小、旋转、裁剪、边框、亮度对比度、颜色设置等操作，操作方法与图片的操作方法类似。

■ 5.4.2 在幻灯片中插入声音

在制作幻灯片时，可以根据需要插入声音，以增强演示文稿的感染力。

1．录制声音

在 PowerPoint 中，可以在幻灯片中插入已录制的声音，从而增强幻灯片的艺术效果，也更好地体现演示文稿的个性化特点。

图 5.41　"录制声音"对话框

录制声音的操作方法是，单击"插入"选项卡"媒体"功能组中的"音频"下拉按钮，在下拉菜单中单击"录制音频"命令，弹出"录制声音"对话框，即可进行录音，如图 5.41 所示。

2．插入音频文件

插入音频文件的操作方法是，单击"插入"选项卡"媒体"功能组中的"音频"下拉按钮，在下拉菜单中单击"PC 上的音频"命令，弹出"插入音频"对话框，即可从中选择需要插入的音频文件，如图 5.42 所示。

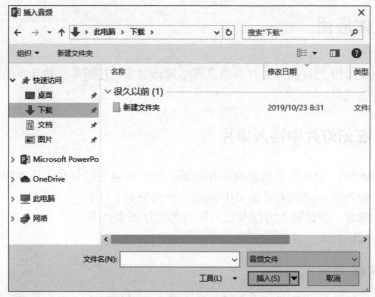

图 5.42　"插入音频"对话框

3．编辑声音属性

插入一个声音文件后，系统会自动创建一个声音图标，用以显示当前幻灯片中插入的声音。单击或使用鼠标拖动可以移动声音图标的位置，拖动其周围的控制点可以改变其大小。

选中声音图标，自动出现"播放"选项卡，在此选项卡中可以进行音频剪辑、音量调整、播放方式等设置，如图 5.43 所示。

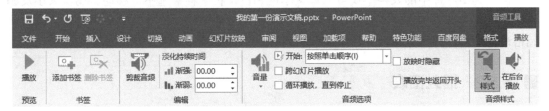

图 5.43　"播放"选项卡

插入表格与图表

5.5.1　插入与绘制表格

与页面文字相比较，表格采用行列化的形式，更能体现内容的对应性及内在联系。表格的结构适用于表现比较性、逻辑性、抽象性强的内容。

1．自动插入表格

插入表格的操作方法是，单击"插入"选项卡中的"表格"下拉按钮，在下拉菜单中单击"插入表格"命令，即可插入指定行数、列数的表格，如图 5.44 所示。

2．手动绘制表格

当插入的表格不能完全符合要求时，可以在幻灯片中直接绘制表格。手动绘制表格的方法较为简单，单击"插入"选项卡中的"表格"下拉按钮，在下拉菜单中单击"绘制表格"命令即可，如图 5.45 所示。选择该命令后，鼠标指针将变为铅笔形状，此时可以在幻灯片中手动绘制表格。

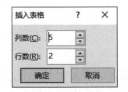

图 5.44　"插入表格"对话框　　　　图 5.45　"绘制表格"命令

3. 设置表格属性

插入到幻灯片中的表格不仅可以像文本框和占位符一样被选中、移动、调整大小及删除，还可以为其添加底纹、设置边框样式、应用阴影效果等。除此之外，用户还可以对单元格进行编辑，如拆分、合并、添加行和列等。

■ 5.5.2 插入图表

与文字和数据相比，形象直观的图表更容易使人理解，插入在幻灯片中的图表以简单易懂的方式反映各种数据关系。PowerPoint 2019 中的图表生成工具，提供各种不同的图表以满足用户的需要，使制作图表的过程简便且自动化。

1. 插入图表

插入图表的方法与插入图片、影片、声音等对象的方法类似，选择"插入"选项卡"插图"组中的"图表"命令即可。

在幻灯片中插入图表后，默认为图表编辑状态，同时显示数据表窗口，以供用户输入数据，如图 5.46 所示。

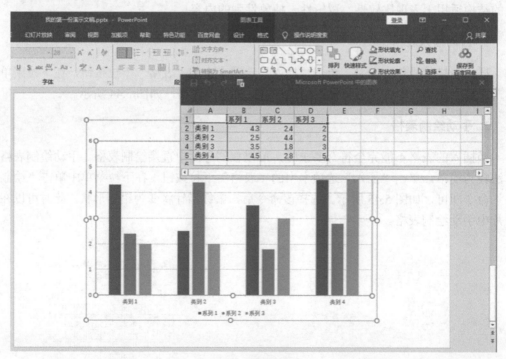

图 5.46 插入图表

2. 编辑与修饰图表

创建的图表可以移动、调整大小，还可以设置图表的颜色、图表中某个元素的属性等。单击创建的图表，自动出现"设计"和"格式"选项卡，在其中可进行相关设置。

■ 5.5.3　导入外部表格和图表

PowerPoint 支持多种插入表格和图表的方式，也可以从 Word 和 Excel 应用程序中导入表格和图表。自动插入对象功能能够方便地辅助用户完成表格和图表的输入，提高在幻灯片中添加表格和图表的效率。

导入外部表格和图表的操作方法是，单击"插入"选项卡"文本"功能组中的"对象"按钮，弹出"插入对象"对话框，根据需要选择由 Word 或 Excel 文件创建即可，如图 5.47 所示。

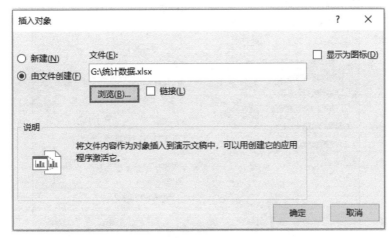

图5.47　"插入对象"对话框

5.6 演示文稿的放映

PowerPoint 2019 为用户提供多种放映幻灯片和控制幻灯片的方法，如正常放映、计时放映、录制幻灯片演示等。

■ 5.6.1　排练计时

当演示文稿制作完成之后，可以运用"排练计时"功能排练整个演示文稿放映的时间。在"排练计时"的过程中，演讲者可以确切了解每一页幻灯片需要讲解的时间，以及整个演示文稿的总放映时间。

排练计时的操作方法是，选择"幻灯片放映"选项卡"设置"功能组中的"排练计时"命令，即可进入排练计时的放映状态，在窗口左上角显示计时的时间，按正常演示进行切换，直到演示结束后，确认"保留幻灯片的排练时间"，下次播放时就可以按照此次的排练计时进行自动播放。

■ 5.6.2 设置幻灯片的放映方式

PowerPoint 2019 提供演讲者放映、观众自行浏览及在展台浏览 3 种不同的放映类型，供用户在不同的环境中选用。选择"幻灯片放映"选项卡"设置"功能组中的"设置幻灯片放映"命令，弹出"设置放映方式"对话框进行设置，如图 5.48 所示。

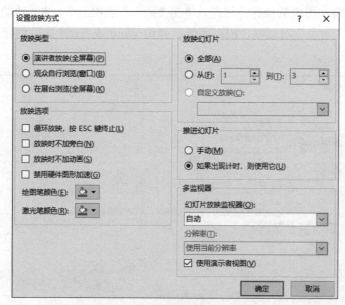

图 5.48 "设置放映方式"对话框

此外，还可以进行循环放映、指定幻灯片放映等更多设置。

■ 5.6.3 录制幻灯片演示

"录制幻灯片演示"功能可以把幻灯片的播放内容和演讲者的讲解声音录制成视频，帮助观众在无人演示的情况下，更清晰地了解和掌握演示文稿中叙述的内容。"录制幻灯片演示"的操作方法是，单击"幻灯片放映"选项卡"设置"功能组中的"录制幻灯片演示"下拉按钮，在下拉菜单中单击"从头开始录制"或"从当前幻灯片开始录制"。单击"录制"开始录制，单击"停止"停止录制，录制完成后保存即可。

 5.7 小结

本章从熟悉 PowerPoint 2019 的工作界面入手，通过制作一份演示文稿，由浅入深、循序渐进地介绍编辑幻灯片的各种方法，包括对幻灯片的文字编辑、段落设置、版面布局以及各种插入操作，如插入图片、艺术字、动画、超链接等操作。此外，还介绍了 PowerPoint 2019 中使用多媒体以及与 Word 和 Excel 配合在幻灯片中插入表格和图表等内容。

实验题目

■ 实验 5.1　制作一个有 4 张幻灯片的演示文稿"我的简历"

实验目的：

1. 掌握 PowerPoint 2019 的启动和退出的操作方法。

2. 熟悉 PowerPoint 2019 的工作界面。

3. 掌握 PowerPoint 2019 中编辑幻灯片的方法（包括输入文字、设置颜色等属性、插入图形、使用动画效果等）。

实验要求：

1. 第 1 张幻灯片：标题、副标题分别填充不同的颜色（如蓝色和橙色），设置边框线条颜色（如绿色），输入文字介绍自己的个人信息并设置字体、字号等；插入一个自选的图形。

2. 第 2～4 张幻灯片：依照步骤 1 的方法制作第 2 张幻灯片（介绍教育经历）、第 3 张幻灯片（介绍爱好）和第 4 张幻灯片（介绍家乡）。

3. 为每张幻灯片中的文字部分设置不同的动画效果，并设置不同的幻灯片切换效果。

■ 实验 5.2　制作演示文稿"计算机导论课件"

实验目的：

进一步熟悉 PowerPoint 2019 中编辑幻灯片的方法。

实验要求：

1. 选取"计算机导论（第 4 版）（微课版）"教材中最感兴趣的一章，作为演示文稿的主要内容。

2. 选取合适的一种模板，统一演示文稿的风格。

3. 编辑每张幻灯片中的文字部分（设置字体、字号等），设置动画效果和幻灯片切换效果。

第6章 计算机网络应用

随着计算机技术的快速发展和广泛应用，计算机网络已经成为人际交往、获取信息和公共服务的重要渠道和工具。本章介绍接入互联网、设置 IP 地址、检查网络连接状态等网络通信知识，万维网服务、电子邮件服务、文件共享服务、FTP 服务的部署和应用等计算机网络应用技能，杀毒软件和防火墙、数据加密、数字签名等网络和信息安全知识。

6.1 接入互联网

接入互联网的方式有很多种，包括通过电话线实现的拨号接入、综合服务数字网（ISDN）接入、数字用户线路（xDSL）接入，通过有线电视同轴电缆实现的电缆调制解调器（CM）接入，通过光纤实现的无源光网络（PON）、有源光网络（AON）接入，通过无线电磁波实现的无线局域网（WLAN）接入和第二、第三、第四、第五代移动通信网络（2G、3G、4G、5G）接入。

选择以什么方式接入互联网，需要考虑传输距离、传输带宽、用户承载能力和线路、设备成本等因素，随着计算机和网络技术的进步，很多传统的接入方式已经被淘汰，本节将介绍目前使用较多的 PON 接入技术和 4G、5G 移动通信网络接入技术。

6.1.1 PON 接入技术

无源光网络（Passive Optical Network，PON）接入技术以光纤作为网络传输介质，接入设备主要包括局端的光线路终端（OLT）、分光器和用户端的光网络单元（ONU，也称光猫），如图 6.1 所示。它是一种单点到多点的网络（通过分光器可实现多至 1 分 128 点），下行（从局端的 OLT 到用户端的 ONU）采用广播方式，上行（从用户端的 ONU 到局端的 OLT）采用时分多址方式，具有网络带宽高、用户承载能力强、建设成本低、建网速度快等特点，因此，是近十几年有线网络的主要接入方式。PON 又分为 EPON、GPON、10GEPON、XGPON 等类型，目前已经普及的 GPON 可支持最高下行 2.5Gb/s、上行 1.25Gb/s 的接入带宽，未来将升级到支持 10Gb/s 带宽的 10GEPON、XGPON 接入技术。

光纤的连接包括冷接和熔接两种方式。冷接只需剥出皮线光纤中的光纤线芯，刮掉涂层，用光纤切刀切掉多余的线芯，压入如图 6.2（a）所示的光纤冷接器即可完成光纤连接

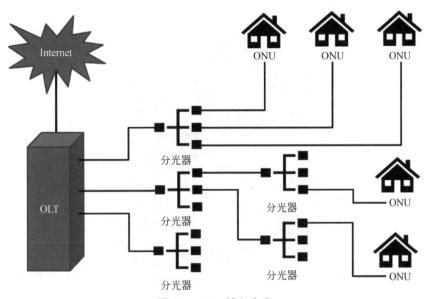

图 6.1　PON 接入方式

头的制作。可把光纤连接器直接插入光网络设备，或配合如图 6.2（b）所示的光纤耦合器进行光纤的连接。冷接方式对工具要求较低，但存在光信号衰减大、寿命短、接头不牢固等缺点，目前使用更多的是熔接方式。熔接使用如图 6.3 所示的光纤熔接机，可以自动实现光纤线芯对准、切面检查、高温熔化连接光纤线芯等一系列操作。

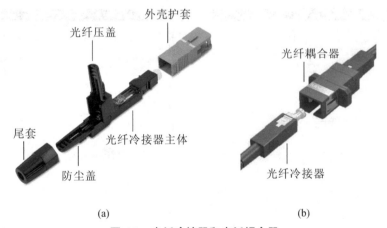

（a）　　　　　　　　　　　　　　　（b）

图 6.2　光纤冷接器和光纤耦合器

■ 6.1.2　移动通信接入技术

移动通信接入技术是一种无线接入技术，解决了有线接入技术的场所和布线条件的限制，在全球任何有蜂窝移动通信网络覆盖的地方都可以接入互联网，满足移动办公、生活、学习、娱乐等全方位需求，并在银行、商铺、快递、外卖等行业所使用的 POS 机，自动售货机，共享单车、公交车、出租车、报警器、定位器、追踪器等物联网应用中广泛使用。

接入设备包括以下几类。

图 6.3　光纤熔接机

1. 智能手机

　　智能手机除自身连接移动通信网络外，还可以通过无线热点、蓝牙、数据线等方式为其他的手机、平板计算机、计算机等设备共享网络，如图 6.4 所示。

图 6.4　智能手机中个人热点

2. 无线 CPE

无线 CPE（客户前置设备）也称随身 WiFi 或无线宝，和智能手机的网络共享功能类似，插入手机 SIM 卡，接入 4G 或 5G 移动通信网络，并通过 WLAN 或数据线为其他设备提供网络接入服务。其优点是自带大容量电池，可以连续较长时间工作。

3. 内置移动通信模块

内置移动通信模块主要用于直接进行网络通信的物联网设备中，由于早期的大多数物联网应用数据通信量少、传输速度和实时性要求低，出于成本的考虑，一般使用 2G 或 3G 移动通信模块，但随着通信技术的升级换代，2G 和 3G 网络用户逐渐缩减，各运营商逐渐关闭 2G 和 3G 网络，诸多早期的物联网设备将出现无网可用的问题，因此开发新的物联网应用设备时，应首选 4G 或 5G 通信模块。

■ 6.1.3　无线路由器的选择和使用

前文所介绍的互联网接入技术，是解决从 Internet 服务提供商（ISP，目前主要是中国电信、中国联通、中国移动等）到上网场所的网络接入问题，大多数上网设备接入互联网还需要使用无线路由器。无线路由器集路由器、交换机、无线接入点、防火墙等多重功能于一身，是家庭及小型办公场所必备的网络接入设备。

1. 无线路由器的选择

无线路由器品牌、型号众多，售价从几十元到数千元不等，配置、性能和功能等方面存在较大差异。

选择无线路由器，首先必须满足以下两条网络技术标准。

（1）有线接口需支持千兆以太网。

无线路由器的有线接口是双绞线接口，其中 1 个 WAN 口用于连接光猫或其他入户线路设备，以实现互联网接入；2~4 个 LAN 口用于连接局域网内的台式机等有线上网设备，LAN 口不足时可通过添加交换机进行扩展。目前 ISP 提供的网络接入速度一般为 200Mb/s、500Mb/s 甚至 1000Mb/s。以上网络速度均需在千兆以太网（即 1000Base-T）技术标准下工作，各类有线上网设备都符合此标准。只有路由器的有线接口支持千兆以太网技术，才能让宽带网络及上网设备发挥出最高的网络性能。

（2）无线技术标准需在双频 802.11ac 以上。

无线局域网有 2.4GHz 和 5GHz 两个工作频率，常见无线传输协议从低到高包括 802.11n、802.11ac、802.11ax（即 WiFi 6）等，性能依次提升。无线设备接入到无线路由器时，只能按照从低原则进行接入，即最新的支持 802.11ax 无线传输协议的手机，遇到只支持 802.11n 的路由器，也只能按照 802.11n 协议工作。因此，为了让手机、平板计算机、笔记本计算机等无线设备获得理想的网络连接速度，应选择双频 802.11ac 及以上标准的无线路由器。

其次，注意无线路由器的硬件配置。

无线路由器是一个微型的计算机系统，包含 CPU、内存、外存、网络接口设备等，网络地址转换（Network Address Translation，NAT）作为路由器的核心功能，需要由 CPU 进行计算实现，如果局域网内上网的设备较多，或宽带接入速度超过 500Mb/s，则会超出一些低配置路由器的 CPU 处理能力。无线路由器的另一个重要指标——无线带机数量也与内存容量和 CPU 速度有直接关系。无线路由器安装后，是否能做到无线信号的无死角全覆盖，即无线路由器的无线信号覆盖能力，也是选购路由器的一个考虑因素，无线信号覆盖能力除了受天线数量、布局的影响外，更由无线接口电路中是否有射频功率放大器（Power Amplifier，PA）芯片和低噪声放大器（Low Noise Amplifier，LNA）芯片决定。

最后，需要了解是否有功能扩展需求。

无线路由器作为小型网络的核心设备，高配置的智能路由器在软件的支持下，可提供上网行为管理、QoS 网速管理、远程唤醒计算机、打印服务器、VPN 接入服务器、Web 服务器、FTP 服务器等多种功能，甚至允许用户安装第三方插件满足个性化使用需求。

选择无线路由器时，需要根据个人需求，综合考虑以上各方面情况。例如，某品牌型号为 AX6 的路由器，售价 300 元左右。从型号中可以看出支持 802.11ax（即 WiFi 6）无线技术标准，进一步查阅官网介绍网页、电商销售网页、拆机测评文章等，可以得到更全面的信息，如表 6.1 所示。

表 6.1　路由器配置信息表

项 目	参 数	说 明
处理器	高通 6 核处理器 IPQ8071A	CPU：4 核，64 位，1.5GHz NPU（网络处理器）：2 核，1.7GHz 高速 CPU 和 NPU，提供强大的数据处理能力和网络数据转发能力
内存	512MB	大内存，满足绝大多数路由器功能运行需求
外存	128MB	大外存，有足够的空间升级操作系统和安装插件
有线接口	4 口 1000Mb/s	1 个 1000Mb/s WAN 口 3 个 1000Mb/s LAN 口
无线频率	双频	同时支持 2.4GHz 和 5GHz 无线频率
无线技术标准	802.11ax	向下兼容 802.11ac、802.11n、802.11a/g、802.11b
无线速度	3000Mb/s	2.4GHz：2x2MIMO，574Mb/s 5GHz：4x4MIMO，2402Mb/s 理论最高无线传输带宽接近 3000Mb/s，实际使用会低于此速度
无线信号放大器	6 路 PA+LNA	6 路独立信号放大器
无线组网技术	支持 Mesh 技术	支持多台路由器无线组网，无缝覆盖
带机量	248 台	此为厂家实验室测试数值，真实环境一般会低于此数值
USB 接口	无	无法外接存储设备、摄像头、打印机等，功能扩展受一定影响
操作系统	基于 OpenWRT 定制的智能路由器操作系统	OpenWRT 是业内领先的路由器操作系统，功能强大，扩展性好

综上所述，此款无线路由器能够较好满足家庭用户使用需求，性价比较高，但由于没有 USB 接口，功能扩展能力有限。

2. 无线路由器的连接

以最常用的 PON 技术接入互联网为例，无线路由器的连接如图 6.5 所示，其中光猫的 LAN 口到路由器的 WAN 口，以及路由器的 LAN 口到网络设备间都是通过双绞线进行连接。

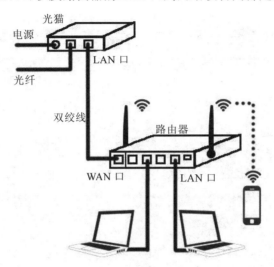

图 6.5　无线路由器的连接

3. 无线路由器的配置及使用

无线路由器的配置一般通过路由器的 Web 管理页面进行设置。路由器的初始无线接入点名称及密码、Web 管理页面地址、登录账号及密码等信息一般印在路由器底部的贴纸上。通过双绞线连接路由器的 LAN 口或无线接入路由器的接入点后，即可使用浏览器登录路由器的 Web 管理网页。长久不用的路由器，如果修改过上述设置并已遗忘，可通过长按路由器的 Reset 按钮，恢复出厂设置。

进入路由器的 Web 管理页面后，应进行以下 3 方面的设置。

（1）设置外网连接。常见的外部网络连接方式包括静态 IP、动态 IP 和 PPPOE 等。

● 静态 IP 方式，一般用于人工管理的办公网络环境，填写 IP 地址、子网掩码和网关等信息，即可完成路由器的网络连接。由于缺少身份认证过程，这种方式很少用于收费的网络接入服务。

● 动态 IP 方式，基于动态主机配置协议（Dynamic Host Configuration Protocol，DHCP），无须任何其他设置就可自动获得由上一级网络设备分配的 IP 地址。对于家庭或小型商务网络接入环境，上一级网络设备一般是光猫，此时光猫工作在路由器模式下，用户的路由器为二级路由，任何网络数据的传输都需要经过两次路由，因此网络性能变差、网络功能受限。但网络接入商为了安装维护简单，经常采用这种模式装机。用户可提出要求变更光猫工作方式，由路由模式改为桥接模式。光猫改为桥接模式后，其作用是单纯的线路转换，把网络传输的数据在光纤和双绞线之间进行转换，而路由功能交给路由器实现，路由器也不能再使用动态 IP 方式进行连接，应改为 PPPOE 方式。

- PPPOE 方式，即以太网上的点对点协议（Point-to-Point Protocol Over Ethernet，PPPOE），为传统的以太网增加了身份验证、加密、压缩等功能，是宽带接入时使用最广泛的连接方式。用户需要在路由器中输入并保存宽带接入账号和密码，如图 6.6 所示。

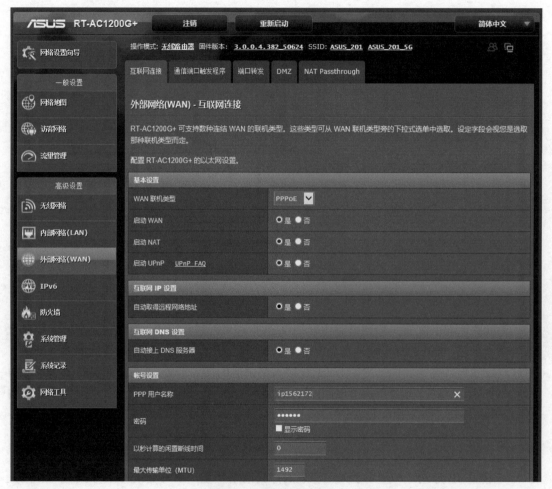

图 6.6　PPPOE 接入设置

（2）设置无线网络。双频路由器有 2.4GHz 和 5GHz 两个独立的工作频率，需要在路由器管理页面中分别设置，如图 6.7 所示。可设置的内容包括无线网络开关、网络名称、无线模式、频道、授权方式及密钥等。

- 无线名称，可进行隐藏处理，隐藏后，手机等无线接入设备将不能自动发现此无线网络，只能手工输入无线名称配置网络连接。
- 无线模式，可以在 802.11n 和 802.11ac 等模式间进行选择，一般设置为"自动"或"混合"模式即可。

图 6.7　无线网络设置

- 频道，按无线频率划分，不管是 2.4GHz 还是 5GHz，都被分为若干频道，当部分频道中的无线路由器过多，干扰严重时，可尝试切换到其他频道，无线接入设备一般会随路由器自动处理。
- 授权方式，分为开放网络、WEP 和 WPA 三类。开放网络方式，完全公开、无密码，所有无线设备都可直接接入，安全性较差。既不能把路由器设置成开放网络，也不要轻易接入未知的开放网络，谨防落入安全风险之中，造成计算机和手机中毒或个人隐私信息泄露；WEP 方式，安全性较差，有专门的工具能在短时间内破解 WEP 加密的无线接入密码；WPA 方式，是目前安全性较高的加密方式，为授权方式的首选，无线路由器一般设置为 WPA2 或 WPA3 个人版模式（也称预共享密钥模式），并设置 8 位以上的密码。注意，由于密码可被人为或"WiFi 万能钥匙"类软件泄密，为保证安全，应定期更换无线接入密码。

（3）修改管理密码。

使用管理员账户登入路由器管理页面后，可对路由器设置进行修改，可查看用户保存在路由器中的账号、密码等信息。如果是智能路由器，还可以安装后门或病毒程序，为了上网安全，必须修改管理密码，并注意不应与无线接入密码相同。

6.2 网络通信

在 Windows 10 操作系统中，提供一系列功能和命令进行网络设置、网络状态查看和路由跟踪。本节将学习使用这些功能和命令发现和解决网络问题，并加深对网络基础知识的理解。

■ 6.2.1 查看和设置 IP 地址

1．使用 ipconfig 命令查看本机网络设置

ipconfig 是 Windows 自带的 IP 设置查看命令，其命令格式如下：

ipconfig [/all | /release | /renew | /flushdns]

1）打开"命令提示符"窗口

ipconfig 需要在"命令提示符"窗口中运行。单击"开始"菜单并输入文字"CMD"或"命令提示符"快速搜索匹配，或依次单击"开始"菜单→"Windows 系统"→"命令提示符"，打开"命令提示符"窗口。

2）ipconfig 命令的参数功能

（1）不带参数使用 ipconfig 命令，可查看基本的网络配置信息，如图 6.8 所示。

图 6.8　ipconfig 命令

（2）使用 ipconfig /all 命令，可查看完整的网络配置信息，如图 6.9 所示，其中包括以下重要信息。

● IPv4 和 IPv6 地址。

在 Internet 中的每台计算机都必须有一个地址，发送信息的计算机在通信前必须知道接收信息计算机的地址，这个地址就是 IP 地址，分为 IPv4 和 IPv6 两类地址格式。

图 6.9　ipconfig /all 命令

IPv4 地址是一个 32 位的二进制数，通常采用点分十进制的方式进行表示，即将 IPv4 地址的每一个字节用一个十进制无符号整数（0~255）表示，字节与字节之间用小数点分隔，例如 192.168.6.67。

IPv6 地址是新版 IP 地址，解决 IPv4 地址可用资源不足的问题。IPv6 地址长度达到 128 个二进制位，可以给每台上网设备提供一个全球唯一的 IP 地址，但由于地址过长，需采用冒号分隔的 8 组 4 位十六进制数形式书写，例如 2408:821a:5340:b510:3df1:b537:f631: 8b8d。

● 子网掩码。

子网掩码的作用是将一个 IPv4 地址划分为网络 ID 和主机 ID 两部分，从而设置 IP 地址属于哪个网络。子网掩码也是一个 32 位的二进制数，代表网络 ID 的二进制位设置为 1，代表主机 ID 的二进制位设置为 0，例如，某设备的 IPv4 是 192.168.6.67，二进制形式为 11000000 10101000 00000110 01000011；子网掩码是 255.255.255.0 ，二进制形式为 11111111 11111111 11111111 00000000。

可得知该设备的 IPv4 地址的网络 ID 为 11000000 10101000 00000110（十进制表示为 192.168.6），主机 ID 为 01000011（十进制表示为 67），设置为此 IPv4 地址的计算机将与其他存在物理连接且网络 ID 相同的设备处在同一网络，可以直接互通。

● 默认网关。

网关又称网间连接器，是一个网络通向其他网络的关口，网络中的所有设备向其他网络发送数据，都必须经过网关。对于家庭或小型商用网络，默认网关地址是路由器的 IP 地址。

● DNS 服务器。

DNS（Domain Name System）的中文含义是域名系统。为了便于记忆，用一串以小数点分隔的字符代替 IP 地址，如 www.baidu.com 等，这串字符就是域名。域名与 IP 地址的转换由专门的 DNS 服务器完成。

（3）使用 ipconfig /release 命令，可释放使用动态主机配置协议（Dynamic Host Configuration Protocol，DHCP）获得的 IPv4 地址，IPv4 网络连接将会中断。

（4）使用 ipconfig /renew 命令，可通过 DHCP 重新获得 IPv4 地址。

（5）使用 ipconfig /flushdns 命令，可刷新本机 DNS 缓存。当更改 DNS 服务器地址后，使用此命令清空本机 DNS 缓存，从而通过新的 DNS 服务器解析与域名对应的新 IP 地址。

2．使用菜单命令查看和设置网络

（1）通过"网络和 Internet 设置"功能查看网络设置。

单击"任务栏"通知区的"网络连接"图标，打开网络连接列表，如图 6.10 所示。单击"已连接"项目，打开"网络和 Internet 设置"窗口，单击"以太网"或"WLAN"中"已连接"项目，如图 6.11（a）所示，打开"设置"对话框，可看到该连接的属性信息，如图 6.11（b）所示。

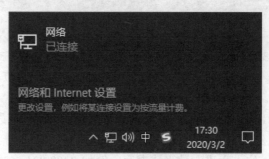

图 6.10　网络连接

（2）修改网络配置文件。

网络配置文件是有关防火墙和网络安全的一系列设置。如果计算机接入的是公共网络，则应设置为"公用"，此时，计算机在网络中处于隐藏状态；如果计算机处在家庭或办公室网络环境，需要与其他人分享文件或打印机等，则应设置为"专用"。

（3）修改 IP 地址。

单击如图 6.11（b）所示"设置"对话框"IP 设置"部分的"编辑"按钮，弹出"编辑 IP 设置"对话框，设置方法包括"自动（DHCP）"和"手动"两类。在家用路由器或常见的 WLAN 网络环境下，一般应设置为"自动（DHCP）"，计算机将通过 DHCP 自动获得 IP 地址、子网掩码、网关、DNS 等信息。改成"手动"后，可分别设置 IPv4 和 IPv6 的 IP 地

(a)

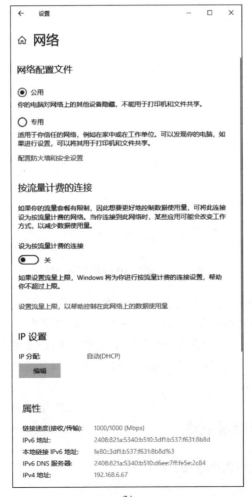

(b)

图 6.11　以太网连接信息

址、子网前缀长度、网关、DNS 等信息，如图 6.12 所示。其中，子网前缀长度是指 IP 地址的网络 ID 部分的二进制数字位数，例如 IPv4 子网掩码为 255.255.255.0 时，子网前缀长度为 24。

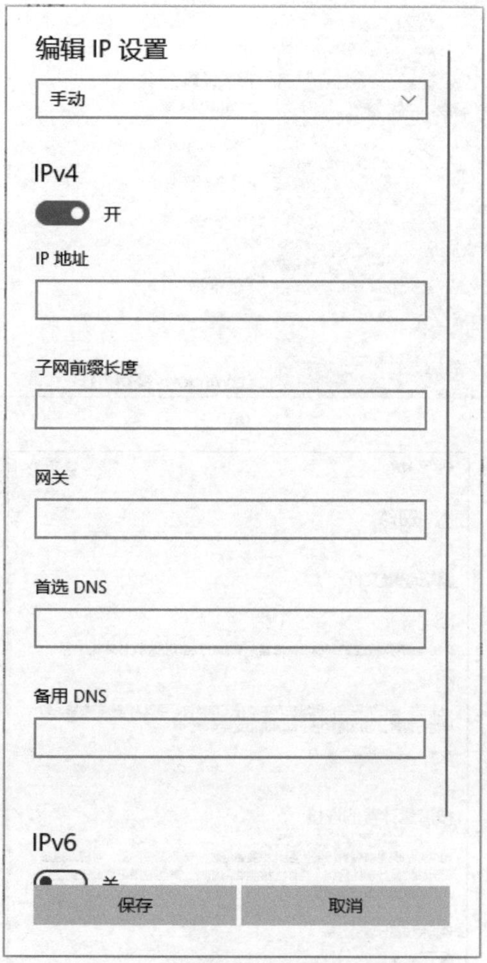

图 6.12 "编辑 IP 设置"对话框

此外，也可按 Windows 的传统方法进行 IP 地址设置，单击"开始"菜单→"Windows 系统"→"控制面板"→"网络和 Internet"→"网络和共享中心"→"更改适配器设置"，在"网络连接"窗口右击其中的网络连接项目，在弹出的快捷菜单中单击"属性"命令，弹出"网络属性"窗口，再对其中的"Internet 协议版本 4"或"Internet 协议版本 6"进行属性设置，如图 6.13 所示。

■ 6.2.2 检查网络连接状态

1. 使用 ping 命令进行网络连接状态探测

互联网包探索器（packet Internet groper）ping，是 Windows 自带的网络连接状态探测命令。命令格式为 ping [-t] [-n count] [-l size] target_name。

图 6.13　IP 地址设置

各参数的含义如下。

-t：连续不断探测，直到按 Ctrl+C 组合键中断。

-n count：指定发送 ping 数据包的次数，次数由 count 指定。

-l size：指定发送到目标主机的数据包的大小，大小由 size 指定，单位是字节。

target_name：是必选参数，为探测的目标，可以是 IP 地址、域名或局域网主机名。

1）使用 ping 命令探测网关

在"命令提示符"窗口中输入 ping 192.168.6.1，其中 192.168.6.1 是前文示例中查看并记录的网关 IP 地址，结果如图 6.14（a）所示。反馈从发起 ping 任务到收到回应间隔的时间，这个时间越短越好。如果时间出现明显波动，则表示连接状态不稳定。

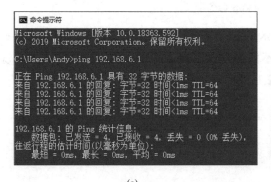
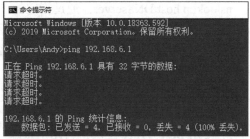

(a)　　　　　　　　　　　　　　　　　　(b)

图 6.14　ping 命令

2）使用 ping 命令探测同一局域网下的其他计算机或手机

执行命令前应先查询其他计算机或手机的 IP 地址。如出现图 6.14（b）所示的"请求超时"提示，则表示 ping 失败，发生原因包括 IP 地址输入错误、与目标 IP 计算机之间的网络不通、防火墙阻拦等。

3）使用 ping 命令探测常用网站

例如 ping www.baidu.com，ping 命令自带域名解析查询功能，当 ping 的目标是网站的域名时，将会自动通过 DNS 服务器查询该域名的 IP 地址，并对该 IP 地址发起 ping 任务。

ping 命令可以用于排查网络故障，如果成功 ping 通网关地址，则表示局域网网络状态良好，如果无法上网可能是从网关到 Internet 接入服务提供商之间的网络异常，对于家庭或宿舍的网络环境，主要是光猫或光纤线路异常；如果 ping 网关失败，则表示网关工作异常或计算机到网关之间的网线、交换机故障，对于家庭或宿舍的网络环境，除检查 IP 地址是否设置错误、无线网卡或网络线路连接是否有异常外，还可尝试重启计算机和路由器。

2. 使用 nslookup 命令进行域名解析查询

nslookup 命令的作用是查询指定域名的 IP 地址，可用于排除与域名解析相关的故障。命令格式为 nslookup [host [DNSserver]]。

所有的参数都是可选项，不带参数时，为交互式模式，可多次输入域名进行查询。各参数的含义如下。

nslookup host：为简单查询模式，通过系统设置的 DNS 服务器进行查询，返回指定 host 域名的 IP 地址，例如，nslookup www.pku.edu.cn 的结果如图 6.15（a）所示。

(a)   (b)

图 6.15　nslookup 命令

nslookup host DNSserver：通过指定的 DNS 服务器进行查询，返回该服务器中的域名解析记录，可能得到与默认 DNS 服务器不同的结果。例如，nslookup www.pku.edu.cn 202.112.0.35 的结果如图 6.15（b）所示，202.112.0.35 为教育网 DNS。

？ 思考：为什么不同的 DNS 服务器对同一个域名的解析结果会有所不同呢？

3. 使用 Best Trace 工具进行路由跟踪

Best Trace 是北京天特信科技有限公司开发的一款能够将 IP 地址与 IP 地理位置相结合的可视化路由跟踪工具，其功能和执行速度都优于 Windows 自带的 tracert 命令。读者可通过其官网下载 Best Trace 的安装包。

1）查看本机 IP 地址

启动 Best Trace 应用程序，单击"本机 IP"按钮，查看本机 IP 地址，如图 6.16 所示。

图 6.16   Best Trace

本机 IP 与前文示例中看到的本机 IP 有所不同。前文示例中看到的 IP 地址是一个以 192.168 或 10 开头的地址，属于局域网保留地址，也称内网地址。内网地址相当于宿舍楼门牌号，如 1 号宿舍楼 201。这个地址只能在内部被识别，因此，内网地址只能在局域网内部互联互通、发起对广域网中计算机的连接，而不能直接被广域网中的计算机发现和连接。

这里看到的本机 IP 为本机所处局域网出口的 IP 地址，也称公网地址。公网地址相当于一个部门或家庭的通信地址，如中国××省××市××路××号，是一个可以在全球范围内被识别的地址。

在 IPv4 的网络环境下，由于公网 IP 地址不足，因此绝大多数局域网网络环境都是计算机通过内网地址接入局域网，再通过网关设备（路由器）的公网 IP 地址接入 Internet。由于是多台计算机共用一个公网 IP 地址，很多网络服务功能受限。

2）进行路由跟踪

单击图 6.16 中"路由跟踪"按钮，输入一个域名并单击"开始"按钮，进行路由跟踪。示例中输入的是同济大学的域名（www.tongji.edu.cn），Best Trace 软件会显示出从本机出发到同济大学服务器所经过的所有网关，能够从中看出网络连接路线，如图 6.17 所示。

目标IP: 222.66.109.32 (www.tongji.edu.cn)

| | 本机网络 | www.tongji.edu.cn | 系统DNS | + | 开始 | 清空 |

目标IP: **222.66.109.32** (　　☐同步请求 ☐TCP(80端口,管理员,IPv4)　　　微软必应地图　　导出

#	IP	时间(ms)	地址	AS	主机名
1	192.168.1.1	0 / 0 / 0	局域网	*	B70.padavan
2	111.225.56.1	3 / 4 / 5	中国 河北 保定 电信	AS4134	
3	27.129.18.5	2 / 4 / 5	中国 河北 保定 电信	AS4134	
4	27.129.17.89	9 / 11 / 13	中国 河北 保定 电信	AS4134	
5	202.97.80.73	27 / 29 / 36	中国 北京 电信	AS4134	
6	61.152.24.93	30 / 33 / 36	中国 上海 电信	AS4812	
7	101.95.89.50	31 / 33 / 36	中国 上海 电信	AS4812	
8	101.95.95.58	28 / 30 / 33	中国 上海 电信	AS4812	
9	124.74.55.14	28 / 30 / 30	中国 上海 电信	AS4812	
10	101.95.104.226	27 / 27 / 30	中国 上海 电信	AS4812	

图 6.17   路由跟踪

6.3 计算机网络服务

常用的计算机网络服务包括万维网服务、电子邮件服务、文件共享服务、FTP 服务等，本节将从服务的部署与应用角度对计算机网络服务进行介绍。

■ 6.3.1 万维网服务

万维网（World Wide Web，也称 WWW、3W 或 Web）是一个由许多互相链接的网页组成的系统，通过互联网访问，使用户可以自由的浏览、查阅所需的资料。万维网是互联网最为重要的服务之一，诸多政府部门、商业机构、教育科研院所都在万维网上建立自己的网站，用于提供在线服务、树立形象、宣传产品等。简单地说，互联网上大大小小的网站构成了万维网。

1．使用浏览器浏览网站

万维网系统采用的是浏览器/服务器模式，万维网上的所有数据存储在 Web 服务器上，用户利用浏览器软件作为客户端软件，联网浏览 Web 服务器上的信息。

浏览网站时，浏览器把用户的浏览请求通过互联网传送到 Web 服务器，Web 服务器根据用户的请求把特定的网页信息通过互联网回传给用户的计算机，浏览器会把这些接收到的网页信息进行适当处理，然后在计算机屏幕上以简洁、美观的方式显示网页内容，如图 6.18 所示。

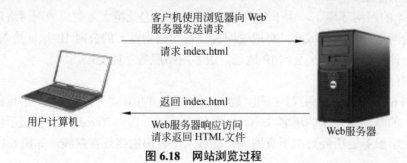

图 6.18　网站浏览过程

浏览器经过近 30 年的发展，已经研发出几十款软件产品，虽然核心功能和基本用法相似，但也存在各自的特点，常见的浏览器产品可以分为以下几类。

IE 类，IE（Internet Explorer）是微软 Windows 操作系统内置的浏览器，从 IE 4.0 发展到 IE 11.0，始终保持着对传统网站较好的兼容性，曾经是用户最多的浏览器，但不管是功能还是性能方面近些年都已经跟不上新的网页技术的发展，用户越来越少。

Webkit 引擎类，包括 Chrome、Safari、Opera，以及使用 Chrome 内核开发的 360 安全浏览器、QQ 浏览器、搜狗高速浏览器、Microsoft Edge 浏览器等，这类浏览器（尤其是 Chrome 内核类的浏览器）对目前的网页技术有最佳的兼容性和优秀的渲染运算速度，是目前市场占有率第一的浏览器类型。

Gecko 引擎类，目前主要是 Firefox 浏览器，具有安全性高、稳定性好、运行速度快、系统资源占用少等特点。

丰富多样的浏览器产品，给用户提供充分的选择空间，激烈的市场竞争也促进了技术的发展，但不同的浏览器对网页技术的兼容性存在差异，这也给网站的制作者和最终用户带来一些困扰。

本节以 360 安全浏览器为例介绍浏览器的使用方法，360 安全浏览器是北京奇虎科技有限公司在 Chrome 内核的基础上进行二次开发，增加了很多符合国人浏览习惯、使用需求的功能，并大幅提升易用性、兼容性的浏览器。

1）启动 360 安全浏览器

360 安全浏览器的图标是 ⓔ，安装 360 安全浏览器后，通过桌面快捷方式、固定在任务栏的按钮或"开始"菜单中的菜单项都可以启动 360 安全浏览器。

2）使用 360 安全浏览器打开网站

在 360 安全浏览器的"地址栏"中输入网站的 IP 地址或域名，按回车键后即可打开网站，如图 6.19 所示。分别尝试打开百度（www.baidu.com）、科技部（www.most.gov.cn）等网站。

图 6.19　360 安全浏览器窗口

百度网站的地址栏中带有 🔒 标志，教育部网站无 🔒 标志或有 ⊗ 标志。

有 🔒 标志，则表示网页信息内容通过 https 协议加密传输。

无 🔒 标志或有 ⊗ 标志，则表示网页的信息内容通过不加密的 http 协议传送，用户信息有可能被窃取，这种未加密的网站页面一般只做公开信息的发布，不会要求用户填写账号、密码、个人资料等信息。

3）切换浏览器内核

360 安全浏览器同时支持 IE 和 Chrome 双内核，单击浏览器地址栏右侧的 ⚡ 或 ⓔ 按钮，即可进行内核切换，如图 6.20 所示，可以解决一些网站的兼容性问题。

4）使用搜索引擎

Internet 上的信息包罗万象，搜索引擎可帮助用户较为快速、准确地检索到所需要的信息。360 安全浏览器除手工打开搜索引擎网站（如之前的百度网站）进行搜索外，还可以通过地址栏右侧的"搜索框"快速搜索。在图 6.21 所示的"搜索框"输入关键字后，按回车键，即可使用默认的搜索引擎进行搜索，或单击 $\mathbb{Q}$ 按钮，选择指定的搜索引擎进行搜索。

图 6.20　切换浏览器内核

图 6.21　快速搜索

在百度搜索引擎中搜索"大学英语四级"的搜索结果如图 6.22 所示。在搜索引擎中使用任何一个关键词进行搜索，都会得到非常多的搜索结果，搜索结果本应按照网站与关键词的关联度进行排序，但使用 SEO（搜索引擎优化）的手段，或付费做广告、进行竞价排名都可以影响搜索结果的排序。盲目的单击搜索链接，可能无法到达期望的网站页面，不仅浪费时间，还有可能打开带病毒的网页或掉入陷阱，造成计算机中病毒、个人隐私信息泄露或金钱损失。因此如果搜索的是某种唯一性业务或某机构的网站，一定要认清"官方"官方 或"官网"标记 官网 。

图 6.22　搜索结果

5）资料的下载和保存

（1）文件下载。文件下载操作与打开网页链接并无区别。单击下载链接后，如果是浏览器能直接打开的文档，如传统的 IE 浏览器支持的网页、图片文档和新浏览器支持的 PDF、MP4 等文件，会自动在浏览器中打开，看不到明显的下载过程。如果是浏览器不能打开的文档，如压缩包、可执行程序等，会自动出现下载功能。

尝试下载"全国大学英语四、六级考试"官网中"考试大纲"栏目中的《全国大学英语四、六级考试大纲》。由于本操作要下载的考试大纲是 PDF 文档，360 安全浏览器可直接打开，有可能看不到下载过程，如果确实需要下载保存，可回到"考试大纲"栏目页面后，右击下载链接，在弹出的快捷菜单中单击"使用 360 安全浏览器下载"命令。

（2）保存图片。对于大多数使用传统技术制作的网页，右击图片，在弹出的快捷菜单中单击"图片另存为"命令即可保存图片。但对于使用新技术制作的网页，需在极速模式（Chrome 内核模式）下，右击，在弹出的快捷菜单中单击"审查元素"功能，打开"开发人员工具"窗口后，找到图片相关的代码（HTML 或 CSS 代码），进行图片文件的下载保存，如图 6.23 所示。

图 6.23　"审查元素"功能

（3）保存网页。360 安全浏览器支持传统的网页保存功能，单击浏览器右上角的"打开菜单"按钮 ≡，打开功能菜单，如图 6.24 所示。单击"保存网页"功能，即可以网页文件、单文件等形式保存网页。但对于使用 AJAX 等技术制作的网页，保存网页功能一般不能有效保存网页的全部信息，此时可以考虑使用"网页快照"功能，以截图形式保存网页内容。

（4）记录视频。如需保存网页中的完整视频，除使用专业的下载工具外，还可以使用360 安全浏览器中的"录制小视频"功能，鼠标停留在视频窗口上，即可出现"录制小视频"工具栏，如图 6.25 所示。尝试对"全国大学英语四、六级考试"官网"口语考试系统培训"中的"CET-SET4 考试流程视频"进行记录操作。

图 6.24 360 安全浏览器的功能菜单

图 6.25 录制视频

6）收藏夹操作

收藏夹可以保存常用网站的地址，单击浏览器"地址栏"下方的"收藏"按钮 ★ ，即可将当前网页加入收藏夹，如图 6.26 所示。单击"收藏"按钮右侧的 ▾ 按钮，即可打开收藏夹功能菜单，从中进行收藏夹的备份、整理等操作。

图 6.26　收藏夹

7）设置主页

主页也称首页，是用户打开浏览器时默认打开的网页。在 360 安全浏览器中，可通过图 6.24 所示的功能菜单中"设置"按钮，打开"选项"界面，在"基本设置"的"启动时打开"功能组中进行主页设置，如图 6.27 所示。

图 6.27　设置主页

8）使用插件

360 安全浏览器继承了 Chrome 浏览器内核的插件功能，插件是一种遵循应用程序接口规范编写的程序，可以实现自动化页面操作、网页信息交互等功能，是对浏览器功能的扩展和易用性的提升。单击 360 安全浏览器右上角的"插件管理"按钮 ⊞ ，在下拉菜单中单击"添加"按钮，如图 6.28 所示，即可打开"360 应用市场"，从中选择安装插件。插件虽然功能强大，但开发门槛较低，在应用市场中既有公司作品，也有个人作品，使用插件时应注意避免隐私信息泄露和侵权。

图 6.28　添加插件

9）清除浏览数据

为了提升用户打开网站的速度和操作的便捷性，浏览器一般会在计算机中保存用户的浏览历史记录、Cookies、缓存、网页表单数据等。但在公共计算机上浏览网页，浏览数据会泄露个人隐私信息。可通过"设置"功能，单击"安全设置"中"隐私安全设置"组中"清理上网痕迹设置"功能，选择性清除上述浏览数据，如图 6.29 所示。

图 6.29　清除浏览数据

10）无痕浏览

单击图 6.24 所示功能菜单中"无痕模式"按钮，即可进行无痕浏览。在无痕浏览模式下，用户上网操作的所有数据只运行在内存中，而不会写入本机外存。一旦用户关闭浏览器，内存中的上网数据会被立即清除，可以在一定程度上保护用户隐私。

2. 万维网服务的部署和管理

1）万维网服务的部署

在互联网中提供万维网服务需要安装部署万维网服务软件，常见的安装方案有以下几种。

- Windows 操作系统上安装 IIS（Internet Information Services）、.NET Framework、SQLServer。
- Windows 或 Linux 操作系统上安装 Apache、PHP/Perl/Python、MySQL。
- Windows 或 Linux 操作系统上安装 Tomcat、MySQL。

其中，IIS 和 Apache 是 Web 服务器软件；.NET Framework、PHP、Perl、Python 是服务器端动态网页语言的支持库或解释器；Tomcat 是集成 Java 支持的 Web 服务器；SQLServer、MySQL 是数据库管理系统软件，用于在服务器上存放网站中的数据。对于传统的静态网页，在 IIS 或 Apache 中发布即可。对于动态网页，通过执行.NET、PHP、Java 程序，根据时间、环境、浏览者或数据库操作的结果生成网页，并提供给浏览者，或将浏览者产生的数据写入数据库。

在以上的诸多方案中，WAMP（Windows+Apache+MySQL+PHP）是入门者的首选，可以通过集成安装包一键安装。

2）万维网服务的管理

（1）启动和停止服务。启动 WAMP 后，相关服务一般自动运行，也可单击任务栏指示器中的 WAMP 图标，手工启动和停止服务，如图 6.30 所示。

（2）Web 服务相关配置。Web 服务配置包括主服务配置 httpd.conf 和虚拟服务器配置 httpd-vhosts.conf，为了保证 WAMP 自带的管理工具运行正常，除服务端口外的其他配置一般只对虚拟服务器配置进行修改。

单击 WAMP 菜单中的 Apache→httpd.conf 或 httpd-vhosts.conf，即可自动使用记事本打开配置文件，从中进行以下设置（一般在重启服务后才能使设置生效）。

- 服务端口。

Listen 0.0.0.0:80

Listen [::0]:80

图 6.30   WAMP 菜单

其中"80"即为 Web 服务的端口号，Web 服务的默认端口是 80，如果与其他服务产生冲突，或部署非公开的 Web 服务，可以修改端口。修改端口后，以 http://IP 地址或域名:端口号形式访问 Web 服务。例如，http://192.168.6.67:81,表示访问 192.168.6.67 服务器的 81 号端口。

如果修改主服务配置中的服务端口号，一般还应同步修改虚拟服务器配置中

<VirtualHost *:端口号>节首的端口号。

● 主目录。

DocumentRoot "${INSTALL_DIR}/www"

DocumentRoot 后设置的文件夹为主目录，主目录是存放发布网页文件的文件夹，可根据需要进行修改，如修改为 "d:/web"。

如果修改主目录，还应同步修改<Directory "目录名">节首的目录名，使此节中的权限设置生效。

● 首页文档。

DirectoryIndex index.php index.php3 index.html index.htm

首页文档是浏览者向服务器发送网站浏览请求时，未说明要浏览的网页文件名，服务器默认返回浏览者的网页。Web 服务器按 DirectoryIndex 后设置的文件顺序，依次查找文件，返回第一个找到的文件。如果没找到文件，则默认列出该目录的文件清单。此默认设置存在安全隐患，应通过权限设置功能关闭。

● 权限设置。

与 DocumentRoot 名称对应的<Directory "目录名">节中内容为目录权限设置。

Options +Indexes +Includes +FollowSymLinks +MultiViews

其中"+Indexes"的含义是允许显示文件清单，删除此内容即可禁用文件清单显示。

Require local

WAMP 默认只允许在本机通过 localhost 或 127.0.0.1 访问，如果需向其他计算机提供 Web 服务，则修改为"Require all granted"。

3. HTML 与网页制作

超文本标记语言（Hyper Text Markup Language，HTML）是一直在万维网上使用的信息描述语言，用来描述网页内容的格式以及与其他网页的链接信息。

HTML 语言类似于排版语言，在需要描述或显示特定内容的地方，放上特定的标记即可，标记用于告诉浏览器如何显示指定的内容或承担其他功能意义。标记置于左、右尖括号"< >"之间，一般以<标记名>开始，以</标记名>结束。

如下是一个简单的 HTML 文件的内容：

```
<html>
<head>
<title>这是一个 HTML 文件示例</title>
</head>
<body>
<h1>这里是 Web 页面浏览区</h1>
<a href=http://www.baidu.com>单击此处链接到百度网站</a>
</body>
</html>
```

将以上内容保存成扩展名为.htm 或.html 的文件，使用浏览器将其打开，效果如图 6.31 所示。

图 6.31 网页效果

HTML 语言本身是纯文本格式，可以用"记事本"编写，也可通过 Dreamweaver、Frontpage 等可视化的网页制作软件进行网页的编辑排版，图 6.32 即为 Dreamweaver 的软件界面，既可以在代码视图中人工编写 HTML 或动态网页语言代码，也可以在设计视图中使用与 Word 软件类似方法进行网页编辑，此处不再赘述。

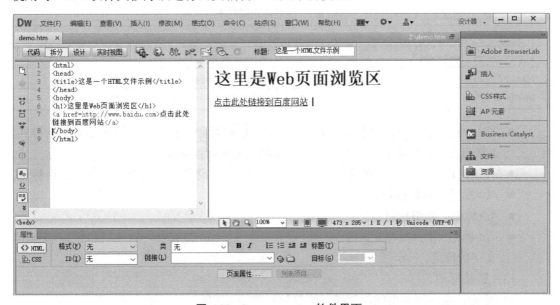

图 6.32 Dreamweaver 软件界面

网页制作技术既包括计算机领域的基本网页排版（HTML、CSS）、网页前端功能和交互设计（JavaScript、AJAX、H5 等）、服务器端动态网页程序（.NET、PHP、Java、Perl 等）、数据库（SQLServer、MySQL 等），也包括艺术领域的图像处理、动画制作、网页美工设计等。本书只对 HTML 做基本介绍，更多内容的学习需要参阅其他相关学习资源。

1）HTML 文档结构

（1）HTML 文档以\<html\>开始，以\</html\>结束。

（2）完整的 HTML 文档由文档头和文档体组成。\<head\>和\</head\>之间的内容是文档头，用于定义文档的各种描述信息，如前文示例代码中的标题（\<title\>标记）。\<body\>和\</body\>之间的内容是文档体，用于定义网页的具体内容，如段落文字、图片、表格、超链接等。

（3）起始标记和结束标记之间的内容为该标记的作用区，如示例代码中的<h1>和</h1>之间的文字内容以标题 1 的格式显示。

2）常用标记简介

（1）head 区中的标记。

- <title>标记：定义网页的标题信息。
- <meta>标记：定义有关页面的元信息，如针对搜索引擎的关键词，针对浏览器的兼容性说明等。
- <style>标记：定义网页的样式表，网页建议以样式的形式进行排版。

（2）文本排版标记。

- <p>段落标记：浏览器解析 HTML 文档时，会忽略空格、换行等控制符号。若需体现文字分段换行，则使用<p>标记。<p>标记中还可写入属性，例如：<p align="center">这是一个居中对齐的段落。</p>

常见属性如表 6.2 所示。

表 6.2　段落标记属性表

属　　性	功　　能
align="center | left | right "	居中|左对齐|右对齐
class = "类名"	设置类名，与样式表中定义的类名对应
id="标识名"	设置 id，与样式表中定义的 id 标识对应

- <h1><h2><h3><h4><h5>和<h6>标记：1～6 级标题标记，每级标题都有默认样式，1 级最大，6 级最小，可以通过样式功能重定义标题样式。
-
换行标记：实现换行功能，只换行不分段，没有附加属性，也没有结束标记。
- <b>标记：加粗标记。
- <i>标记：倾斜标记。
- <u>标记：下画线标记，例如：<p>这是<u>一个</u>带有<b><i>加粗和倾斜</i></b>文字的段落。</p>

（3）链接标记。

<a>标记：定义网页中的超链接，主要属性如表 6.3 所示。

表 6.3　链接标记属性表

属　　性	功　　能
href= "URL"	URL（Uniform Resource Locator，统一资源定位器），指链接的地址
target = "_blank | _self | _top | _parent | 框架名"	在新窗口、当前窗口或指定的框架区域打开链接
title= "提示信息"	鼠标停留在链接上时显示的提示信息
class = "类名"	设置类名，与样式表中定义的类名对应
id="标识名"	设置 id，与样式表中定义的 id 标识对应

完整的 URL 包括协议、域名和资源文件路径名称 3 部分，例如：

如果省略资源文件路径名称，则链接到该域名对应的网站，返回网站的首页。

如果省略协议和域名，则为相对链接，从本网页地址出发链接到指定的页面或文件，例如：

200812.htm　　　　　　表示链接到同级文件夹中的 200812.htm 页面。

../pic/ac3256.jpg　　　　表示链接到上一级文件夹中的 pic 文件夹里的 ac3256.jpg 文件。

链接代码示例如下。

`<a href="http://www.baidu.com" title="百度" target="_blank">点击此处链接到百度网站</a>`

（4）图像标记。

<img>标记：在网页中显示图像，无须结束标记，常用属性如表 6.4 所示。

表 6.4　图像标记属性表

属　　性	功　　能
src= "URL"	设置图像的 URL
align="center | left | right "	居中|左对齐|右对齐
width= "宽度数值"	宽度，单位是像素
height = "高度数值"	高度，单位是像素
alt="文字信息"	无法显示图像时显示的文字信息
title="文字信息"	鼠标停留在图像上时显示的文字信息

代码示例如图 6.33 所示。

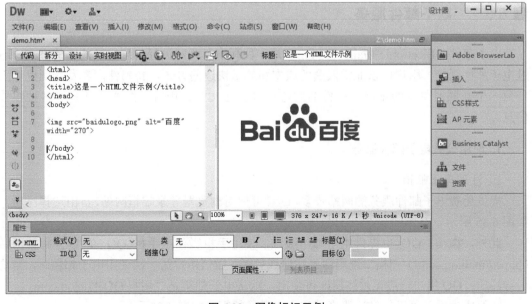

图 6.33　图像标记示例

（5）表格标记。

网页中的表格由以下 4 个标记嵌套组合使用，代码示例如图 6.34 所示。

图 6.34　表格标记代码示例

● <table>标记：定义一个表格。
● <tr>标记：定义表格中的一行。
● <th>标记：定义标题，一般放在第一行或第一列中。
● <td>标记：定义行中的每一个单元格。

■ 6.3.2　电子邮件服务

电子邮件（Electronic Mail，E-Mail）是一种利用互联网进行信息交换的通信方式。通过电子邮件系统，用户可以非常低廉的成本和非常快速的方式，将邮件内容发送到世界上任何一个互联网覆盖的角落，邮件的内容可以包含文字、声音、图像、动画等多种媒体信息。

1. 使用公共电子邮件服务

1）注册电子邮箱

提供免费电子邮件服务的网站较多，读者可使用浏览器登录邮箱网站，自由选择注册，如图 6.35 所示。

此外，微信、QQ 也提供电子邮箱服务，使用手机微信或手机 QQ 在 QQ 邮箱网站（https://mail.qq.com/）扫描二维码即可注册或登录。微信用户第一次使用电子邮箱时，自动引导注册；QQ 用户一般无须注册即可使用，默认电子邮箱是"用户 QQ 号@qq.com"。

注册成功后，可以凭借注册账号和密码登录邮箱，如图 6.35 所示。

图 6.35　邮箱注册页面

2）收发电子邮件

电子邮箱收到的邮件会自动放在收件箱中（也可自定义分类规则，自动归类存放）。电子邮箱网页每隔一段时间会自动刷新内容，也可单击"收信"按钮，立即收取新邮件。"收件箱"中显示邮件清单，单击相应主题，即可打开该邮件，如图 6.36 所示。

图 6.36　电子邮箱界面

单击邮箱首页的"写信"按钮，界面变成写信窗口，输入收件人（接收邮件人的电子邮件地址）、主题和正文，还可以单击"添加附件"，以附件形式选择添加图片、文档等，最后单击"发送"按钮，即可完成邮件的发送，如图 6.37 所示。

阅读邮件时，单击"回复"或"转发"按钮，即可进入回复或转发邮件的写信模式，进行回复邮件和转发邮件操作。回复和转发邮件时，一般应保留原邮件内容，而将回复或补充说明的内容写在邮件内容的开头位置。

2. 部署机构邮件系统

公共邮箱可以满足对电子邮件的日常使用需求，但如果需要为单位内部人员提供具有企业或组织机构域名的电子邮箱地址，如@pku.edu.cn 体现北京大学师生身份，@icbc.com.cn 体现工商银行员工，还需通过安装 Exchange Server、Coremail 论客邮件系统、Winmail 等软件部署单位自有的电子邮件服务系统，或购买腾讯企业邮箱、阿里企业邮箱、

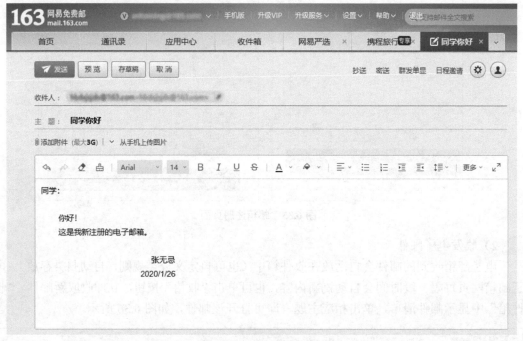

图 6.37　撰写电子邮件

网易企业邮箱等服务，搭建云端的企业邮件系统。

■ 6.3.3　文件共享服务

文件共享服务也称 SMB（Server Messages Block）服务，是局域网中分享文件的最便捷方式。

1. 开启共享

首先，在计算机上准备一个文件夹（可以是新建的文件夹，也可以是原有的文件夹）。

然后，右击该文件夹，在快捷菜单中单击"属性"命令，打开"属性"对话框，如图 6.38 所示。单击"共享"选项卡中"共享"按钮，选择用户并设置权限。其中，本机登录用户是该共享文件夹的所有者，默认具有全部权限；Everyone 指任意的网络访问者，可设置只读、读写或删除权限。除此之外，还可以新建用户，进行更细致的权限设置。出于安全考虑，Everyone 一般只设置只读权限。

Windows 10 的防火墙默认阻止文件共享访问，第一次开启共享功能时，将会弹出"启用公用网络的网络发现和文件共享"的确认提示，如图 6.39 所示。应根据计算机所处的网络环境进行选择。

2. 访问共享

通过 Windows 的"文件资源管理器"中"网络"，找到开启共享文件夹的计算机，通过身份验证后，即可进入局域网中其他计算机的共享文件夹进行访问。

图 6.38 共享文件夹

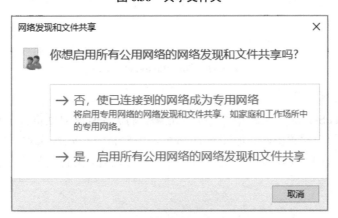

图 6.39 启用网络发现和文件共享

6.3.4 FTP 服务

文件传输协议（File Transfer Protocol，FTP）是在互联网上传输文件的标准协议，为用户提供一种计算机之间相互传输文件的机制，是用户从网上获取文件、软件、影音资料的一种重要方法。FTP 的主要作用是让用户从远程计算机下载文件到本地计算机，或从本地计算机上传文件到远程计算机。

1. 在计算机上部署 FTP 服务

提供 FTP 服务功能的软件包括 IIS 中的 FTP 服务、Serv-U、FileZilla Server 等，其中 FileZilla Server 是开源软件，可以在 FileZilla 官网免费下载，并一键安装。

启动 FileZilla Server 软件后，需要进行以下基本设置。

1）服务端口号

单击 FileZilla Server 工具栏中 Settings 按钮 ，打开 FileZilla Server Options 对话框，在 General settings 中设置 Listen ports，如图 6.40 所示。FTP 服务的默认端口号是 21，如需建立非公开 FTP，可以设置其他端口号。

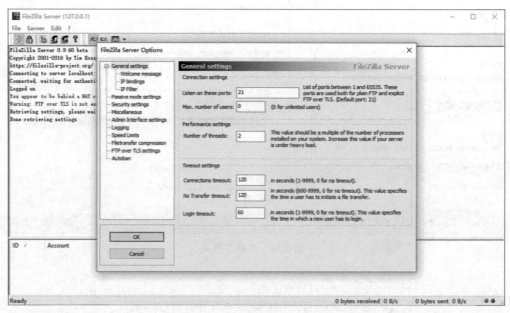

图 6.40　FileZilla Server 设置

2）用户和共享目录

单击 FileZilla Server 工具栏中 Users 按钮 ，打开 Users 对话框，在 General 选项页中添加用户，并为用户设置密码，如图 6.41 所示。在 Shared folders 选项页中，可以为用户设置文件夹及访问权限，权限可以分文件和文件夹进行设置，文件的权限包括读、写、删除、

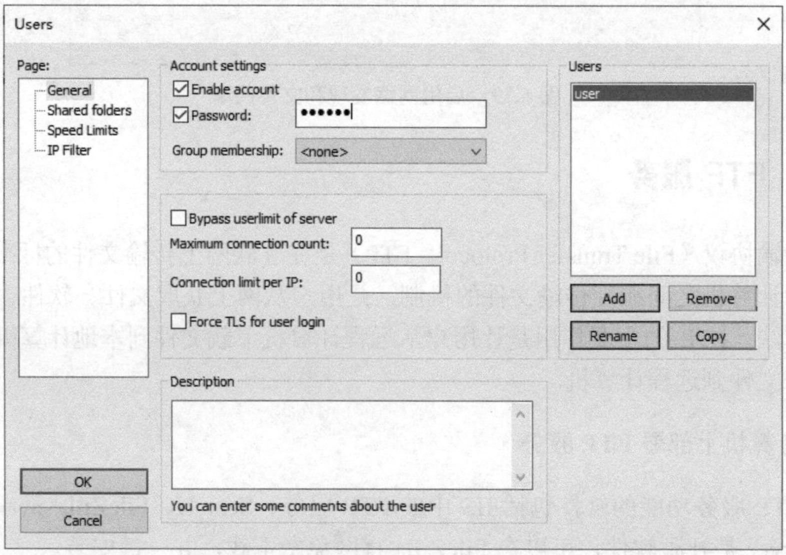

图 6.41　FileZilla Server 用户设置

添加等，文件夹的权限包括创建、删除、显示文件目录等，如图 6.42 所示。

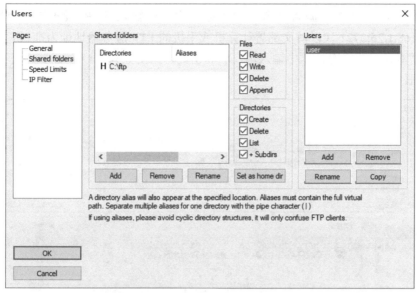

图 6.42　FileZilla Server 文件夹设置

2. 在手机上开启 FTP 服务

安卓手机开放程度较高，有很多软件提供开启 FTP 服务的功能，在此以"ES 文件浏览器"为例进行介绍。"ES 文件浏览器"中的"从 PC 访问"功能就是开启了 FTP 服务。

首先，通过安卓手机的"应用市场"搜索并安装"ES 文件浏览器"。

然后，启动手机的"ES 文件浏览器"，打开左上角菜单中的"网络"项目中的"从 PC 访问"功能，从右上角菜单中设置端口号、根目录、账号、密码。端口号和根目录可以保持默认，账号、密码是保护手机文件安全的唯一关卡，必须设置。设置完成后返回"从 PC 访问"功能，即可打开服务。服务页面中显示出手机开启的 FTP 服务器的 URL 信息（URL 信息受网络环境影响，以手机上实际显示内容为准），如图 6.43 所示。

图 6.43　"ES 文件浏览器"开启 FTP 服务

3. 使用计算机访问 FTP

在计算机的"文件资源管理器"的"地址栏"中输入 FTP 服务器的地址，例如："ftp://192.168.1.26:3721"（以前文部署计算机或手机的 FTP 服务器地址为准）并按回车键，在弹出的"登录身份"对话框中输入用户名和密码，如图 6.44（a）所示，即可登录前文搭建的 FTP 服务器。

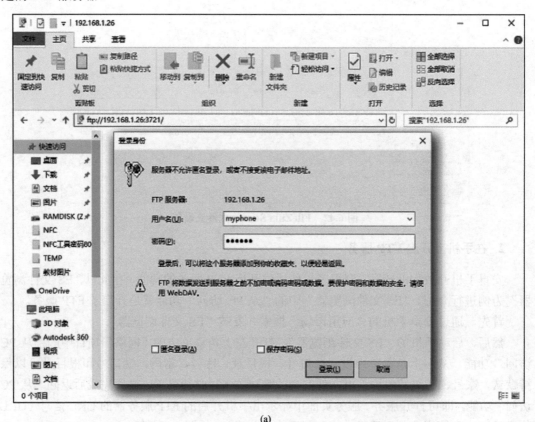

(a)

图 6.44　登录 FTP

登录后的 FTP 文件夹如图 6.44（b）所示，可以在服务器赋予该用户的权限范围内进行文件的上传、下载、删除、创建新文件夹等操作，操作方法与在 Windows 中的操作方法相同。

注意，虽然 FTP 文件夹看起来与本地文件夹类似，但不具备直接编辑文件内容的功能，如要修改文件内容，则必须下载修改后再上传。

Windows 自带的文件资源管理器虽然支持 FTP 协议，但功能过于简单，兼容性也较差，只适用于临时使用。如果经常使用 FTP 服务，建议在计算机中安装 FlashFXP。FlashFXP 相对于文件资源管理器来说，可以记录多个 FTP 服务器的地址、账户信息，支持批量任务和文件续传，可以更好地对大量文件或大文件进行上传或下载操作。FlashFXP 的界面如图 6.45 所示。

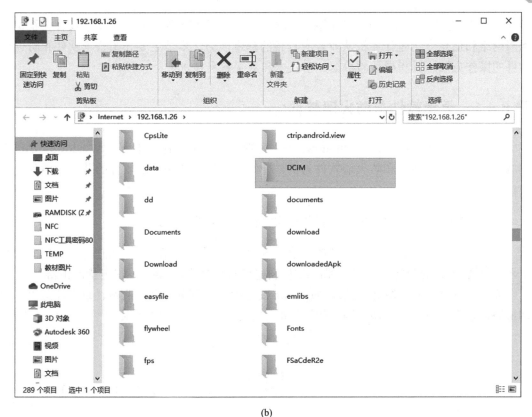

(b)

图 6.44 （续）

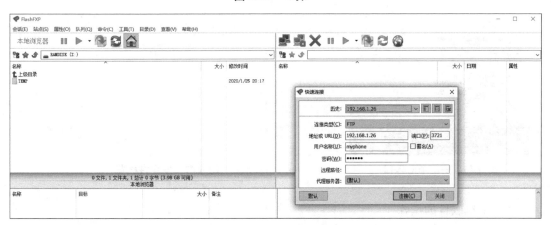

图 6.45 FlashFXP 的界面

6.4 网络与信息安全

随着计算机技术的发展，人们对计算机和计算机网络的依赖日益增加，计算机中存放着、网络中传输着关乎个人、单位甚至国家利益的重要信息，这些信息的泄露、丢失和被篡改，不仅可能会给个人、单位及国家造成经济损失，还有可能危及国家安全及社会稳定。保障网络和信息安全是计算机从业者应具备的基本能力。本节主要介绍杀毒软件和防火墙软件的操作方法，并指导体验数据加密技术和数字签名技术。

■ 6.4.1　杀毒软件与防火墙软件

杀毒软件和防火墙软件是 Windows 中不可缺少的安全软件，本节以 Windows 10 自带的 Windows Defender 和防火墙软件为例，介绍杀毒软件和防火墙软件的基本功能和使用方法。

1．打开 Windows 安全中心查看杀毒软件和防火墙的工作状态

Windows 安全中心的入口在任务栏通知区中，一般会被折叠在隐藏的图标中，如图 6.46 所示。⊞代表有安全问题需要处理；⊞代表建议执行操作；⊞代表安全状态正常。

双击"安全中心"图标，进入 Windows 安全中心，可见安全性概览，重点注意"病毒和威胁保护"以及"防火墙和网络保护"的安全状态，如图 6.47 所示。

图 6.46　安全中心入口　　　　图 6.47　安全性概览

2．杀毒软件的操作

1）检查和更新保护定义

"保护定义"也称病毒库，里面记载各种已知病毒及恶意软件的特征和处理方法。如果网络状态以及病毒和威胁防护软件工作正常，"保护定义"会自动更新，以保证能够识别和处理最新的病毒和恶意软件。如果上次更新时间显示较久远，则需要单击"检查更新"进行手工更新，如图 6.48 所示。

2）进行威胁扫描

威胁扫描是把指定范围的文件与"保护定义"中的病毒及恶意软件的特征进行比对，

从而发现威胁计算机安全的文件，并自动进行杀毒、隔离、删除等处理。

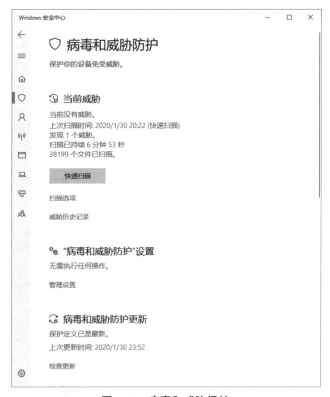

图 6.48　病毒和威胁保护

扫描范围可在图 6.48 所示"扫描选项"中进行设置，包括快速扫描、完全扫描和自定义扫描等。快速扫描是指扫描系统中经常发现威胁的文件夹，包括桌面、操作系统文件夹、应用程序文件夹等，一般每星期都应进行一次快速扫描。自定义扫描用于对某些安全性存在疑虑的文件或文件夹进行指定扫描，如 U 盘复制的文件。自定义扫描也可以在文件资源管理器中，右击文件夹或磁盘，在弹出的快捷菜单中单击"使用 Windows Defender 扫描"功能快速进入。

3）检查"实时保护"工作状态

进入"病毒和威胁防护"设置，检查"实时保护"功能是否开启。

"实时保护"功能会自动监测计算机设备上文件是否被病毒感染，或是否存在恶意软件等安全威胁，会尽量在病毒或恶意软件启动前阻止它们运行，并将其删除。因此，"实时保护"功能应处于开启状态。

4）设置排除项

由于病毒和威胁防护功能存在一定概率的误报，如果正常软件受到影响，导致无法运行，可将"实时保护"功能暂时关闭。如果受影响的软件需要经常使用，则可以在"病毒和威胁保护"设置中，将受影响的正常软件添加到"排除项"中，使相关文件夹免于"实时保护"。

3．防火墙操作

1）查看和修改防火墙设置

从 Windows 安全中心进入"防火墙和网络保护"，如图 6.49 所示。

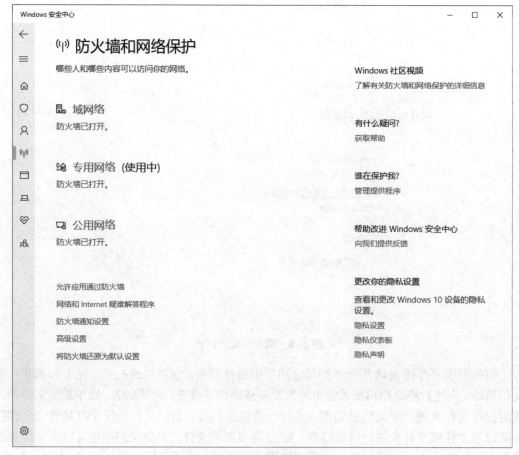

图 6.49　防火墙和网络防护

  Windows 10 的网络防火墙可控制应用程序或网络服务的联网功能，默认情况下一般不允许被其他计算机连接（开放的应用程序或网络端口除外）。

  如果出现网络功能异常，如开设的 FTP 服务器或设置的共享文件夹、共享打印机无法被访问，应急的解决方法可以是暂时关闭当前使用中网络类型的防火墙。注意，这会使计算机完全暴露在网络风险下，非常不安全。长久的解决办法是单击"允许应用通过防火墙"命令，进行"允许的应用和功能"设置，如图 6.50 所示，或通过"高级设置"解决该类问题。

2）防火墙高级设置

  从图 6.49 所示"防火墙和网络保护"进入"高级设置"。防火墙的高级设置分为入站规则和出站规则两类。每类规则中包含大量已经设置好"允许连接"或"阻止连接"的预定义规则，双击规则项目，即可看到具体的设置内容，进行"启用规则"或"禁用规则"的操作，如图 6.51 所示。

允许应用通过 Windows Defender 防火墙进行通信

若要添加、更改或删除所允许的应用和端口，请单击"更改设置"。

允许应用进行通信有哪些风险？

更改设置(N)

允许的应用和功能(A)：

名称	专用	公用
☑ @{Microsoft.Windows.CloudExperienceHost_10.0.16299.15_neutral_neutra...	☑	☐
☑ "播放到设备"功能	☑	☑
☑ "讲述人"快速入门	☑	☑
☑ 360se.exe	☑	☐
☑ 360se.exe	☐	☑
☑ 360wpsrv	☑	☐
☑ 3D 查看器	☑	☐
☑ 8888TCP	☑	☑
☑ 8888UDP	☑	☑
☐ adobecaptivatews	☐	☑
☑ adobecaptivatews	☑	☐

详细信息(L)... 删除(M)

允许其他应用(R)...

图 6.50 允许应用通过防火墙

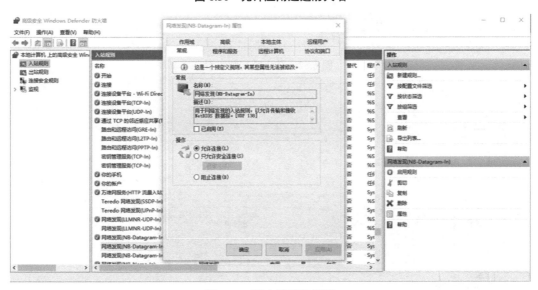

图 6.51 防火墙高级设置

除预定义规则外，还可以新建规则，对应用程序、网络端口号、本地及对方 IP 地址等进行联网控制，如图 6.52 所示。

6.4.2 数据加密与数字签名

1. 使用对称加密演示程序进行数据加密解密操作

对称加密演示程序可以在选择加密方法、设置密钥后，对输入的明文内容进行加密操作，或对输入的密文内容进行解密操作，如图 6.53 所示。

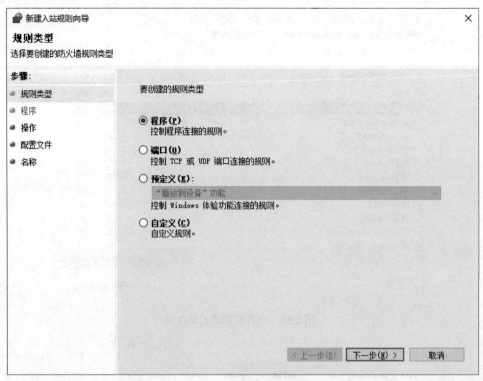

图 6.52　防火墙规则类型

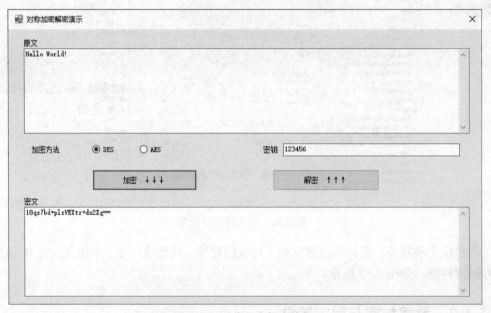

图 6.53　对称加密解密演示

2. 使用非对称加密演示程序进行数据加密解密操作

非对称加密的密钥分成公钥和私钥，单击"生成密钥"按钮运算生成，如图 6.52 所示，密钥很长，一般应复制备用。

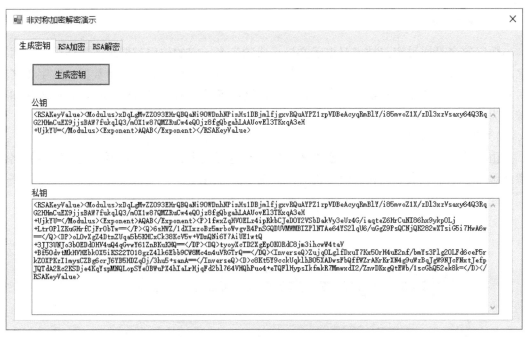

图 6.54 非对称加密解密演示

在"RSA 加密"选项卡里可以输入原文、粘贴密钥,进行加密,得到密文,如图 6.55 所示。在"RSA 解密"选项卡中,可以输入密文、粘贴密钥,进行解密,得到原文。

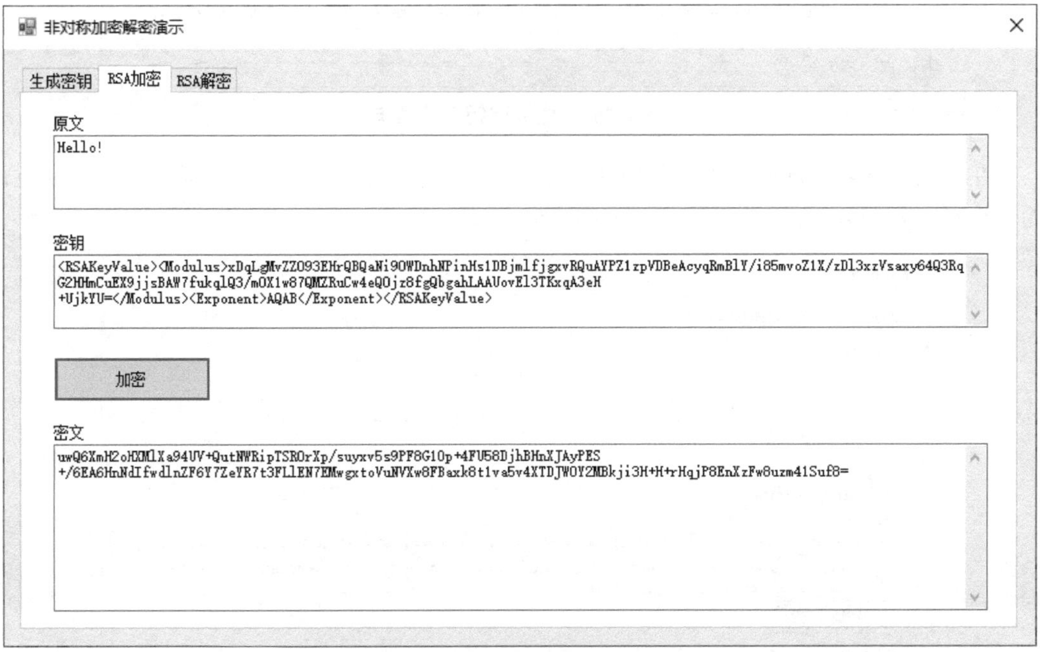

图 6.55 "RSA 加密"选项卡

结合"计算机导论"中的理论知识判断加密解密时需要使用公钥还是私钥,解密用的密钥是自己再生成,还是需要使用与加密配套的原密钥。

3. 数字签名

数字签名是通过密码技术对电子文档形成的签名，它的作用类似现实生活中的手写签名，但数字签名并不是手写签名图像的数字化，而是加密后得到的一串数据。数字签名的目的是保证发送数据的真实性和完整性，解决网络通信中双方身份的确认，防止欺骗和抵赖行为的发生。使用"数字签名验签演示"程序可体验数字签名的过程。

1）生成数字签名

由于数字签名基于非对称加密技术，所以在进行数字签名前，需要先在"数字签名验签演示"程序中生成私钥和公钥密钥对，如图 6.56 所示。

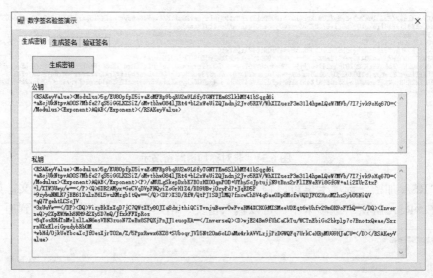

图 6.56 "生成密钥"选项卡

在"生成签名"选项卡中输入原始文字，生成摘要（散列值），然后填入密钥（从生成的密钥对中复制），生成数字签名，如图 6.57 所示。

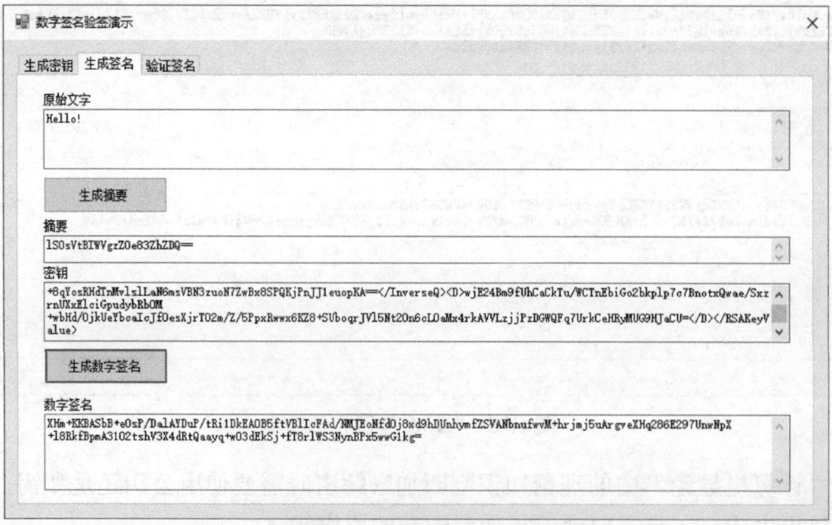

图 6.57 "生成签名"选项卡

结合"计算机导论"中的理论知识判断此时需要使用公钥还是私钥。

2）验证数字签名

在"验证签名"选项卡"收到文字"框中填写文字内容，生成摘要，得到收到文字的散列值。然后填入数字签名和密钥，进行数字签名解密，得到原始摘要。如果两份摘要相同，则数字签名验证通过，表示收到文字的内容与原始文字内容相同，如图 6.58 所示。

图 6.58　验证数字签名

 ## 6.5　小结

本章主要介绍接入互联网的常用方式和无线路由器的配置方法，查看和设置计算机 IP 地址的方法以及检查网络连接状态的方法，万维网服务、电子邮件服务、文件共享服务和 FTP 服务等常用网络服务的部署、配置和使用方法，杀毒软件、防火墙的操作方法，数据加密和数字签名的基本过程。学习重点在于掌握基本网络应用技能，加深对网络基础知识的理解，为以后深入学习网络相关内容打好基础。

6.6　实验题目

■ 实验 6.1　互联网接入

实验目的：

掌握网络连接及互联网接入的一般操作。

实验要求：

1. 以有线或无线方式把计算机接入网络。

2. 根据网络条件完成互联网接入设置，具体操作可分为以下三种情况。

（1）通过局域网（校园网）接入互联网。

① 了解当前局域网相关设置：可用 IP 地址范围、子网掩码、默认网关地址和 DNS 地址。

② 设置本机的 IPv4 地址。

③ 设置本机的子网掩码。

④ 设置本机的默认网关。

⑤ 设置本机的首选 DNS 和备用 DNS 地址。

（2）通过宿舍或家庭宽带接入互联网。

① 了解宿舍或家庭宽带的相关设置：路由器的管理地址、登录密码、外网连接类型等。

② 使用浏览器访问路由器的管理地址。

③ 设置外网连接类型，如果是 PPPOE 类型，需要设置拨号用户名和密码。

④ 设置无线网络名称、频道、授权方式和密码。

⑤ 修改路由器的管理员密码。

（3）通过手机网络共享接入互联网。

① 手机开启个人热点。

② 计算机接入手机的个人热点。

■ 实验 6.2　检查网络连接状态

实验目的：

1. 掌握 ping 命令的使用方法。

2. 掌握 Best Trace 工具和 tracert 命令的使用方法。

实验要求：

1. 使用 ping 命令检测到网关、局域网中的其他设备、淘宝等网站主机的网络连接情况，记录发送数据包字节数、相应时间和 TTL 的值，并分析产生差异的原因。

2. 分别测试 ping 命令中 -t、-a、-n 和 -l 参数的作用。

3. 下载并安装 Best Trace 工具。

4. 使用 Best Trace 工具进行到淘宝网的路由跟踪，并观察地理位置记录，思考为什么最终的目的地不是淘宝网公司总部所在地——杭州。

5. 使用 tracert /?命令查看 tracert 命令的帮助信息，并进行百度网的路由跟踪。

■ 实验 6.3　360 安全浏览器的使用

实验目的：

掌握 360 安全浏览器的使用方法。

实验要求：

1. 下载并安装 360 安全浏览器。

2. 在 360 安全浏览器中搜索并打开中国知网。

3. 将中国知网网站加入 360 安全浏览器的收藏夹。

4. 在中国知网首页底部的"CNKI 常用软件下载"栏目下载"CAJViewer 浏览器"。

5. 使用中国知网的文献检索功能尝试通过主题、关键词、篇名、作者等方式进行论文检索。

6. 将检索结果限制在核心期刊论文的范围内。

7. 查看感兴趣文献的基本信息，并尝试下载和查看文献全文（中国知网的下载服务是收费服务，高校一般都是中国知网的订阅用户，在高校的校园网中一般都可免费使用）。

8. 清空浏览记录。

■ 实验 6.4　制作并发布一个简单的个人网站

实验目的：

1. 掌握 HTML 的基本语法，能够使用记事本或 Dreamweaver 软件制作简单的网站。

2. 掌握 WAMP 的基本使用方法。

实验要求：

1. 制作一个简单的个人网站，至少包括主页和课程介绍页，具体要求如下。

（1）主页，文件名 index.html，内容至少包括个人简介、个人照片、到网站其他页面的链接。

（2）课程介绍页，文件名 course.html，要求以表格的形式呈现本学期的课程名、课程号、学分、学时、课程简介等信息，并制作返回网站首页的链接。

2. 使用 WAMP 发布网站。

（1）下载并安装 WAMP 软件。

（2）对 WAMP 软件的服务端口、主目录、首页文档和权限进行设置。

（3）将制作完成的个人网站全部文件复制到主目录中。

（4）通过本机和其他计算机对网站进行测试。

（5）如何让个人网站成为能被全球互联网用户访问到的网站，查阅资料并给出解决方案。

■ 实验 6.5　收发电子邮件

实验目的：

掌握收发电子邮件的方法。

实验要求：

1. 使用浏览器登录电子邮箱网站，注册一个免费电子邮箱（如果已有电子邮箱，可以不再注册）。

2. 登录电子邮箱，向其他人发送一封电子邮件，可尝试以附件的形式发送图片、音频、视频或其他文档，体验理解如何做好邮件主题、正文的撰写及附件的命名工作。

3. 回复或转发来自其他人的电子邮件。

4. 采集同学或朋友的电子邮箱地址，存入邮箱的通讯录中。

5. 在手机中安装一个手机端电子邮件工具，如"网易邮箱大师""QQ 邮箱"等，按照向导完成设置，尝试使用手机收发电子邮件。

■ 实验 6.6　文件共享和 FTP

实验目的：

1. 掌握开启和访问文件共享的方法。

2. 掌握部署和访问 FTP 服务的方法。

实验要求：

1. 通过文件共享功能分享文件。

（1）在计算机中开启文件夹共享功能，并添加用户，设置权限。

（2）在同一局域网的其他用户间互相访问文件夹共享，尝试进行文件的上传、下载、打开、编辑、修改等操作。

2. 通过 FTP 服务分享文件。

（1）下载、安装并运行 FileZilla Server 软件。

（2）在 FileZilla Server 软件中设置端口、用户、文件夹和权限。

（3）在同一局域网的其他用户间使用文件资源管理器或 FlashFXP 工具互相访问 FTP 服务，尝试进行各种文件、文件夹操作。

3. 对比分析 FTP 和文件共享功能的优缺点。

■ 实验 6.7　杀毒软件和防火墙

实验目的：

1. 理解杀毒软件的基本工作原理，掌握杀毒软件的基本操作。

2. 理解防火墙的基本工作原理，掌握防火墙软件的基本操作。

实验要求：

1. 杀毒软件的基本操作。

（1）检查杀毒软件的工作状态。

（2）查看杀毒软件的病毒和威胁防护更新的时间，并进行手工更新。

（3）对 Windows 文件夹进行一次病毒扫描，查看扫描结果。

（4）尝试停用和启用实时保护。

（5）尝试设置杀毒软件的排除项。

（6）如果有必须要运行的程序被报告可能存在病毒，如何才能安全可靠的运行，请查阅资料并给出解决方案。

2. 防火墙的基本操作。

（1）检查防火墙软件的工作状态。

（2）尝试关闭和启用防火墙。

（3）在"允许应用通过防火墙"中设置允许"网络发现""文件和打印机共享"。

（4）在防火墙高级设置中，把之前安装的 Web、FTP 等服务的服务端口加入防火墙的允许通过规则。

（5）查阅资料，通过防火墙高级设置，解决计算机 ping 命令失败的问题。

■ 实验 6.8　数据加密

实验目的：

1. 掌握对称加密的基本特点和处理流程。

2. 掌握非对称加密的基本特点和处理流程。

实验要求：

1. 使用对称加密演示程序进行加解密操作。

（1）在对称加密演示程序中设置加密方法、密钥，对明文进行加密，得到密文。

（2）把密文通过电子邮件、聊天工具等方式发给其他人，由其他人进行解密操作。解密时，除需要有完整的密文外，还需要什么信息？分析传递这些信息存在的安全风险并给出解决方案。

2. 使用非对称加密演示程序进行加解密操作。

（1）在非对称加密演示程序中生成密钥。

（2）输入明文，使用生成的密钥进行加密操作，得到密文。此步骤需要考虑使用私钥还是公钥。

（3）把密文通过电子邮件、聊天工具等方式发给其他人，由其他人进行解密操作。此步骤需要考虑使用私钥还是公钥，密钥是自己再生成，还是需要使用与加密者配套的原密钥。

3. 对比分析对称加密和非对称加密的优点和缺点，设计一个安全性更高、性能更好的加密通信流程。

■ 实验 6.9　数字签名

实验目的：

掌握数字签名的功能、特点和处理流程。

实验要求：

1. 在"数字签名验签演示"程序中生成密钥。

2. 在"生成签名"选项卡中输入原始文字，生成摘要并对摘要进行加密，得到数字签名。此步骤需要考虑加密应使用公钥还是私钥。

3. 将原始文字和数字签名一起发给其他人进行验证。

4. 验证时，在"验证签名"选项卡中输入收到的文字，生成摘要。输入（一般应粘贴）数字签名，解密出原始摘要。对比原始摘要与生成的摘要是否一致。此步骤需考虑解密应使用公钥还是私钥。

5. 分析数字签名验签程序的操作流程是否存在漏洞，设计一个更完美的数字签名验签流程。

参 考 文 献

[1] 袁方，王兵. 计算机导论[M]. 4 版. 北京：清华大学出版社，2020.

[2] 袁方，安海宁，肖胜刚，等. 大学计算机[M]. 2 版. 北京：高等教育出版社，2020.

[3] 李宁，张国春，王亮，等. 计算机导论实验指导[M]. 北京：清华大学出版社，2009.

[4] 安海宁，齐耀龙，孙洪溥，等. 大学计算机实验教程[M]. 2 版. 北京：高等教育出版社，2020.